高等院校艺术设计专业应用技能型教材

THE DESIGN OF GRAPHIC SYMBOL

图形符号设计

刘小怡◎编著

重庆大学出版社

图书在版编目（CIP）数据

图形符号设计 / 刘小怡编著. ––重庆：重庆大学出版社，2019.10（2021.1重印）
高等院校艺术设计专业应用技能型教材
ISBN 978-7-5689-0460-5

Ⅰ.①图…　Ⅱ.①刘…　Ⅲ.①图形符号—设计—高等学校—教材　Ⅳ.①TB2

中国版本图书馆CIP数据核字（2017）第053042号

高等院校艺术设计专业应用技能型教材

图形符号设计
TUXING FUHAO SHEJI

刘小怡　编著

策划编辑：张菱芷　蹇　佳　刘雯娜
责任编辑：文　鹏　方　正　　版式设计：琢字文化
责任校对：邹　忌　　　　责任印制：赵　晟

重庆大学出版社出版发行
出版人：饶帮华
社　　址：重庆市沙坪坝区大学城西路21号
邮　　编：401331
电　　话：（023）88617190　88617185（中小学）
传　　真：（023）88617186　88617166
网　　址：http://www.cqup.com.cn
邮　　箱：fxk@cqup.com.cn（营销中心）
全国新华书店经销
重庆长虹印务有限公司印刷

开本：787mm×1092mm　1/16　印张：7.75　字数：205千
2019年10月第1版　　2021年1月第2次印刷
ISBN　978-7-5689-0460-5　　定价：48.00元

编委会

主　任：袁恩培

副主任：张　雄　　唐湘晖

成　员：杨仁敏　　胡　虹

　　　　曾　敏　　王　越

序 / PREFACE

人工智能、万物联网时代的来临，给传统行业带来极大的震动，各传统行业的重组方兴未艾。各学科高度融合，各领域细致分工，改变了人们固有的思维模式和工作方式。设计，则是社会走向新时代的前沿领域，并且扮演着越来越重要的角色。设计人才要适应新时代的挑战，就必须具有全新和全面的知识结构。

作为全国应用技术型大学的试点院校，我院涵盖工学、农学、艺术学三大学科门类，建构起市场、创意、科技、工程、传播五大课程体系。我院坚持"市场为核心，科技为基础，艺术为手段"的办学理念；以改善学生知识结构，提升综合职业素养为己任；以"市场实现""学科融合""工作室制""亮相教育"为途径，最终目标是培养懂市场、善运营、精设计的跨学科、跨领域的新时代设计师和创业者。

我院视觉传达专业是重庆市级特色专业，是以视觉表现为依托，以"互联网+"传播为手段，融合动态、综合信息传达技术的应用技术型专业。我院建有平面设计工作室、网页设计工作室、展示设计实训室、数字影像工作室、三维动画工作室、虚拟现实技术实验室，为教学提供了良好的实践条件。

我院建立了"双师型"教师培养机制，鼓励教师积极投身社会实践和地方服务，积累并建立务实的设计方法体系和学术主张。

在此系列教材中，仿佛能看到我们从课堂走向市场的步伐。

重庆人文科技学院建筑与设计学院院长

张 雄

2017年冬

前 言 /FOREWORD

　　图形符号是传递与承载视觉信息的介质，是人类沟通思想、传达信息的视觉语言，具有表意和象征的特性。优秀的图形符号设计能很好地、更准确地传播信息。当今是视觉传媒高度发达的时代，如何更好地适应新的课堂、新的媒介、新的市场，是现代图形符号设计者需要构建和探索的内容。

　　本书鼓励学生冲破传统的、习惯性的思维方法，主动自觉地寻找多样化的图形符号设计方案，使学生掌握图形符号设计的基本规律和创意设计，为学生创造性的发展开辟一个新天地。本书通过对图形符号的理论基础、观察方式、组织方法、案例分析、实训互动、综合实践等板块的阐述，帮助学生解决图形符号创意和设计方面的问题。本书将理论知识和设计实践相结合，课堂教学和学生作业相对应，全面、深入、细致地讲解图形符号设计的体系、结构、原则和方法。本书可作为艺术设计相关专业课程，如图形符号设计、图形创意、标志设计、图案设计等课程用书，也可作为相关设计行业从业人员的参考书。

　　本书从认知图形符号、发现图形符号、感知图形符号、组织图形符号和综合案例，共5个方面着手，对怎样设计符合新时代要求的图形符号进行了系统性阐述及可行性尝试，理论联系实践。本书搜集了大量的学生作业练习，增强了实践指导性，希望为现代图形符号设计教学拓宽视野，注入新鲜血液。

　　本书由重庆人文科技学院建筑与设计学院刘小怡老师编著。在教材编著过程中，编者参考了相关学者的研究论著，采用了同行和学生的作品，在此向他们表示衷心的感谢！

编　者

2019年1月

目 录 / CONTENTS

导　引

1. 一本只有图形符号的书——《地书》

我们先来读一读《地书》（图0-1）。

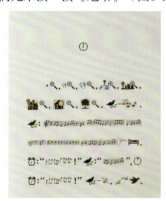

图0-1　《地书》内页　徐冰

打开《地书》我们发现，没有任何的文字语言，全书只有一种内容形式，那就是图形符号。这些图形符号几乎都是人们耳熟能详的图形，有各种标志：公共标志、界面图标、表情符号、导引图形、警示标志……内容涵盖面广，形式丰富有趣。

"他爱她，思念着她，他给她写了一封信。"

"他走进咖啡店，点了一杯咖啡，付了账，端着咖啡坐下了。"

"他走进丛林，准备猎杀大象，被警察逮捕了。"

图0-2　《地书》内页　徐冰

阅读《地书》内容（图0-2）后我们发现，不需要翻译，只要有现代生活经验，任何人都能读懂它。《地书》是一本无"字"书，非常形象生动地记录了都市白领1天24小时的生活状态，艺术家徐冰历时7年收集整理，不断地推敲、试验、调整，终于完成这本运用各种现代图形符号标志写成的书，是一本奇特的小说。

从《地书》中我们读到了什么？

图形符号！

2. 什么是图形符号呢？

黑格尔曾说过："象征首先是一种符号。"

符号学专家赵毅衡教授对符号的定义："符号是被认为携带意义的感知。"

英国女作家米兰达·布鲁斯-米特福德在《符号与象征》一书中写道："图形符号向我们传递的是一种可以进行瞬间知觉检索的简单信息，是一种视觉的图像，或是表现某一思想的符号。"

百度百科的定义：符号是指一个社会全体成员共同约定的用来表示某种意义的记号或标记。图形符号是指以图形为主要特征，用以传递某种信息的视觉符号。

…………

我们可以这样来理解：图形符号是具有某种象征意义的视觉符号。

这样的视觉符号无处不在！

著名的美国纽约时代广场（图0-3），广告牌林立，各种广告图形、广告信息、标志图形遍布于高楼的外观和街道的两边，可谓形形色色，琳琅满目，向人们传递着商业信息和时尚信息。

图0-3　美国纽约时代广场

网络信息时代，电脑、手机几乎与我们形影不离，成了每天都使用的工具。各种APP界面图标符号也应运而生，还有一些游戏界面图标是游戏爱好者再熟悉不过的符号了（图0-4、图0-5）。

图0-4　电脑、手机界面图标

图0-5　游戏界面图标

在各种公共空间，如机场、火车站、停车场、医院、商场、服务区等，公共导引图形符号为我们提供服务的信息（图0-6）。

图0-6　公共导引图标

各电视台图标也是每天都和我们见面的符号。打开电视，电视节目越来越丰富，我们可以根据个人喜好来选择节目，辗转于各个电视台，对每个电视台图形标志也格外熟悉（图0-7）。

图0-7　各电视台图标

无论我们生活在何处，只要我们留心身边的事物，注意观察，其实我们被各种图形符号和象征物包围着。我们可以无视这些美妙事物的存在，也可以睁大眼睛去寻找挖掘其中的奥妙。不论是作为社会生活中的一员，还是艺术设计者，都应加深了解和探索，从一种崭新的视角来看待它们，为生活增添情趣。

3. 图形符号有什么特性呢？

（1）艺术性

图形符号具有艺术性，主要体现在表现手法的艺术性和多样性。

图形符号常常运用不同的造型方式，如点、线、面，并运用色彩、秩序、对比、均衡等手法，使图形符号在视觉上达到一定的审美意境，使受众得到美的享受。从这一点来看，图形符号也可称为艺术符号。

（2）象征表意性

威廉·布莱克在《天真的预言》（约1803年）一诗中写道："一沙一世界，一花一天堂；双手握无限，刹那是永恒。"

这首诗道出了象征的意义。

"象征表意性"是指借助于某一具体事物的外在特征，寄寓艺术家某种深邃的思想，或表达某种富有特殊意义的艺术手法。

符号之所以成为符号，就是因为有意义，这是符号学的必然前提。图形符号具有丰富多样的外在特征，势必表达丰富的内涵意义，我们通过象征表意手法来理解图形符号背后的意义。例如，火的图形象征着太阳和生命，圆圈象征着圆满和团圆，龙纹象征着至高无上的皇权，等等。

4. 图形符号能做什么呢？

传递信息是图形符号的最大功能。

图形符号是信息的外在形式或物质载体，是信息表达和传播中不可缺少的一种基本要素。例如，看到五星红旗，马上就传递出中华民族、国旗、红色、革命、中国共产党、大团结、光明等信息；看到交通信号灯，又传递出"红灯停，绿灯行"的信息；大街上，标志图形让顾客与商品品牌连接起来而驻足选购，如麦当劳、百事可乐、耐克等；各种音乐符号传递出音乐信息，让我们知道哪里是高音符号，哪里是休止符，哪里需要连音或是换气……这些图形符号在视觉载体形式下，为大众传递信息，方便和丰富了我们的生活。

第一单元 以图言物——认知图形符号

课　　时：10课时

单元知识点：通过举例，让学生认识图形符号，掌握图形符号的类别、功能、发展及现代特点等理论知识。

第一课　认知图形符号

课时：3课时

要点：本课主要学习图形符号概述，包括图形符号的定义，图形符号的起源、发展及现状，让学生对图形符号有一个初步认识。

著名的意大利设计师艾柯曾说过："人是图形的动物，没有图形就没有人类社会。"随着视觉传媒的高度发展，我们已进入了一个全新的读图时代，对图形艺术的追求更具有复杂性和多样性。图形符号是视觉空间设计中的一种符号形象，在艺术与设计中起着举足轻重的作用。图形符号在不同的领域中有着不同的形式和多样的需求，并随着时代的变革、社会的发展、人们观念的改变、技术工具的演进以及生活方式的更新而不断发展变化。

图形符号是现代社会交流中不可或缺的方式和有效手段，它形象而直观，在很多方面起着文字不能替代的作用，是现代视觉传达设计的视觉中心。仔细观察我们的周围，会发现充满着各种各样的图形符号（图1-1至图1-4）：商场中各式的品牌标志图形；浏览网站时各种操作图形、图标；大街上的交通标志、人行斑马线……这些图形符号与我们的生活息息相关，密不可分，我们就生活在这样的一个图形符号世界中，而怎样对图形符号进行更好的设计构建，使其更具创意和个性，在更广阔的空间领域传播信息，需要设计工作者和实践者不断深入探究、创新开拓。

图1-1　APP图标　　　　　　　　　　图1-2　道路交通标志

图1-3 斑马线 图1-4 各类公共图形符号

1. 图形符号的定义

图形符号是指以图形为主要造型元素，运用创意性思维规律及图形构成形式规律组合而成的用以传递信息的视觉符号，它构成画面的个体形象，是一种基本元素。图形符号具有直观、简明、易懂、易记的特征，便于信息的传递，不同年龄、不同文化水平和不同语言的人都容易接受和使用，因而它广泛应用在社会生产和生活的各个领域，涉及各个部门、各个行业，可指导人们的行为，提醒人们注意或给以警告等。

图形符号是传达信息的载体，凡是具有象征意义的形状、线条等都能表达概念。因此，图形符号是具有图像性质的象征，是事物的表面形式且具备识别作用。

2. 图形符号的起源、发展及现状

在文字产生之前，图形符号就已经是人类记录和传递信息的重要工具。它是伴随人类产生而产生的，根源于人类认识和改造世界的需要，从人类劳动和生活的记事符号开始，当我们的祖先在他们居住的洞穴和岩壁上作画时，图形符号就成了他们相互联络、沟通、传达情感和意识的媒介。这一点贯穿图形符号从产生到今天的每一个时期和阶段。

纵观符号发展史，图形符号的发展一共经历了3个历史阶段。第一个阶段是远古时期人类的象形记事性原始图画符号，这是图形符号最原始的形式，也是后来文字的最早形式。第二个阶段是一部分图画式符号在实用中逐渐向文字演变，形成了图画文字符号。图画式符号的特点是抽象性更强，更为简化。第三个阶段是文字产生后的图形的发展。文字的产生，使人类的沟通和交往更加密切，这一视觉传达形式既能综合复杂的信息内容，又极易被人领会，更容易为人类所重视和利用（图1-5至图1-10）。

图1-5　原始彩陶纹饰

图1-6　原始岩画

图1-7　水纹陶罐

图1-8　人面鱼纹盆

图1-9　图画文字——楔形文字

图1-10　埃及象形文字

　　由于科学文化的蓬勃发展和艺术思潮的影响，各种设计的思想趋于完善，给图形设计的创意提供了思维上的可能性，设计思维超越了自然的限定，进入了现代设计的新时期。加之电子摄影的产生，计算机的发展，卫星通信技术的发明，数码、网络的普及，使信息能迅速地传播，图形以其独特的直观性、形象性跨越了国界，消除了不同国家的语言交流障碍，逐渐成了国际化的图形语言。这是图形发展又一个重大的里程碑，人类进入数字化信息传播的大众传播时代。技术上的进步突破了手工技术的束缚，同时科学技术和社会文化的发展进步促进了现代图形设计观念的更新，设计手段的增加使图形变得多元化，图形设计的发展进入一个前所未有的时代，图形不再局限于装饰、标记、交流和记录，而成为视觉传达的重要载体。

3. 图形符号的功能和意义

　　信息的有效传达是图形符号的主要功能。美国著名的符号学家苏珊·朗格曾说过："符号最主要的功能就是将经验形式化，并通过这种形式将经验客观地呈现出来以供人们观照、逻辑直觉、认识和理解。"

　　图形符号是高效而普及的传播手段，能在设计中产生显著效果，给人以深刻印象。它的意义在于通过对客观事物的观察、提炼、加工改造后，使物象高度概括化、结构化、条理化，人的思维也跟着形式化和简单化，使人们在理解图形符号的意义后能更客观地认知其功能。

第二课　图形符号的类别

课时：3课时

要点：本课主要学习图形符号的类别，让学生了解图形符号存在不同的分类，对图形符号进一步认识。

图形符号是图形构成最基础的构形要素，图形设计就是要应用这些符号去构成和创造图形，所以学习和了解图形符号的构建方法是设计图形的根本所在。

图形符号按其构成形式特征可分为四类：抽象形符号、意象形态符号、特定意义符号和创意图形符号。

抽象形符号是指最基本的设计元素——点、线、面。点、线、面是存在于人的内心或精神上的抽象意识形态经过视觉化处理后的图形，它们自身就是最基本的图形符号，也可以构成其他更为复杂的抽象形符号。可将抽象形符号通过组合、变异、重组等方式来训练思维，培养对抽象形的感悟和直觉，达到创意设计的目的。

如图2-1所示，运用抽象的图形符号排列、组合，形成以点、线、面为设计要素的图形设计。

意象形态符号是指以客观事物为基础对象，抽取本质特征，得到的具有意象形态特征的视觉语言，它是介于抽象和图解形态之间的一种图形符号，比具象形有更大的想象空间和内涵，能给人以丰富的抽象形象联想空间。例如，圆形方孔符号，很多银行类的标志就有这样的意象形，代表着钱币。中国银行标志（图2-2）和中国建设银行标志（图2-3），虽然样式、色彩不同，但都是圆形方孔的图形形式，代表了钱币。

特定意义符号是指已经被社会大众普遍接受，约定俗成的图形符号，在人们的记忆中已形成固定概念的符号，它是人的感受长期沉淀的图形集合。例如一些特定的标识符号：骷髅头代表死亡，鸽子代表和平，食指和中指比画的"V"形代表胜利，红十字符号代表着医疗和救援，等等。在大众能接受的基础上，我们可将这些公认的符号重新创意、组合，去表达主题和观念。如图2-4所示，和平鸽、橄榄枝的形象在许多国家和地区都是和平的象征。如图2-5所示，代表着医疗和救援的红十字图形符号是众所周知的特定符号。

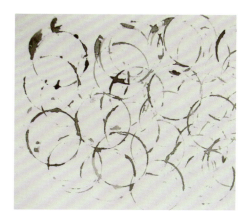
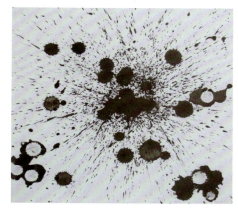
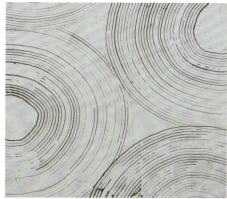

图2-1 点、线、面构成 学生作业

图2-2 中国银行标志

图2-3 中国建设银行标志

图2-4 和平鸽、橄榄枝图形

图2-5 红十字图形

创意图形符号是指以抽象形态符号、意象形态符号、特定意义符号三种图形符号作为基础，创造新的图形符号，形成新的视觉形象，是一种复合形态符号。如图2-6所示的系列海报设计，运用创意图形符号及符号组合，传达出更丰富的信息内涵。又如图2-7和图2-8所示的学生标志设计作品，综合应用了抽象形、具象形以及文字形态的组合创意图形符号，视觉元素多样，含义丰富。

图2-6　海报中的创意图形设计

图2-7　标志设计　张鑫　　　　　　　　　　图2-8　标志设计　夏意

创意图形符号极具个性化和活力，如何选择、组织和创造，是设计师要面对的最大问题。我们应拓宽思维空间，在平面的、立体的甚至动态的环境中延展设计思路，表现各种不同形态的创意，创造出更多、更富有意义的创意图形符号。

第三课 图形符号的发展及现代特点

课时：4课时
要点：本课主要讲解图形符号在现代的发展趋势，有哪些特点。

　　符号是传递信息、表达思想情感的工具，图形符号通过人的感觉经验，连接对某一事物的记忆和联系，具有直观性、象征性的特点，大都以较为简约的形式表达。受众通过对图形符号的观察与理解，解读设计者的思想情感，这就需要图形符号能准确、快速、有效地被认知和接受，才能执行准确传达信息的重要功能。

　　在现代化、信息化、全球化发展的今天，现代计算机媒体技术的高度发展，给现代图形符号设计带来了新的挑战和机遇，图形符号设计逐渐迈向高科技设计进程，开始实现从二维到三维，从现实到虚拟的维度跨越，打破常规的设计模式，设计思维得到了全新的构建。

　　现代图形符号的发展也呈现出个性化、多维化、符号化的趋势。在现代科学和艺术的影响下，人的表现意识空前张扬，在艺术上的表现欲得以充分发挥，更加关注自我精神与情感，图形设计也越发个性化。同时，新的科技使人们获得了新经验，图形在空间的转化变得轻而易举，向着多维化的新的视觉体验发展。如图3-1所示的立体图标，图形符号由二维走向三维，图标形态呈现出光影、厚度等立体特征。如图3-2和图3-3所示，图形符号由现实走向虚拟。运用计算机模拟产生一个立体空间的三维虚拟世界，并为体验者提供关于视觉、听觉、触觉等感官模拟，让体验者感受如同身临其境一般的真实效果。

图3-1　立体图形符号

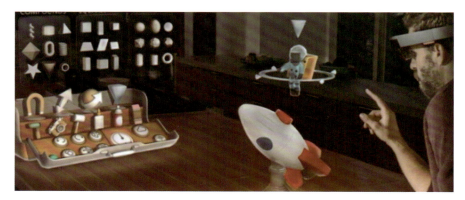

图3-2　立体空间中的虚拟图形符号

图3-3　会展设计中的虚拟图形符号　林风眠

现代生活的节奏越来越快，作为视觉语言的图形符号会越来越趋向简洁化、易记化和符号化，而且要传递出更丰富、复杂的信息，让人过目不忘。这些特点和趋势将会带来视觉设计上的革命，传统的、落后的图形设计方式将被新的图形设计方式所取代，现代图形符号设计将表现出新的生命力，未来的发展必然会有一个美好前景。

此外，笔者在图形教学的过程中发现，许多学生在学习或设计图形的作业中找寻现成图形作参考，即找"二手资料"，存在"拿来主义"思想，设计出的图形符号原创性较差，缺乏自己动手动脑的能力，依赖思想较严重。这并不符合当下图形符号设计追求个性、求新求变的多元化发展趋势，使得图形设计教学迫切需要新的图形符号构建方式来丰富图形表现形式，拓展表现手段，并多载体、多功能地应用图形符号。

第二单元 视觉调动——发现图形符号

课   时：14课时

单元知识点： 着重讲解如何调动视觉发现图形符号，让学生掌握怎样从自然、社会、传统图形中发现图形符号。

第四课　自然形的发现

课时：5课时
要点：所有的自然元素都是灵感源泉，本课主要学习如何通过视觉观察从大自然中获取图形符号。

　　大自然中蕴藏着丰富的形态。只要有一双善于发现的眼睛，我们生活的环境、周围的事物中都不难发现各种图形符号，都能成为设计的源泉，都能进行图形符号的转换。

　　自然元素——山川、河流、大地、天空、星辰、植物、动物⋯⋯哪怕小到一棵小草，一块小石头，一滴水珠，这一切都是大自然造物的结果，是给予人类的馈赠。神奇的大自然本身就是最佳的设计师，所有形态都是进行图形符号设计的题材对象。自然中的各种树木，千姿百态的花朵，天然的石头造型，绚丽夺目的色彩，带给我们美的感受与灵感（图4-1至图4-3）。

图4-1　自然元素——树木　　　　　　　图4-2　自然元素——花卉

图4-3　自然元素——岩石

图4-4　瓶形包装上的植物元素

图4-5　袋装包装上的植物元素

　　这些自然元素形态也走进了我们的生活，与我们零距离。如图4-4所示，植物花卉、水果元素应用在瓶形包装设计中，提取概括了这些植物、水果元素的特点，并运用重复排列的构成形式得到新的秩序，布满瓶身，再赋予鲜艳丰富的色彩，真是非常漂亮的包装设计，让人爱不释手。如图4-5所示，水果图形元素在袋装包装的设计中，抓住不同水果的形态特征，利用横剖面图形效果展示中心内容，周围再与色系相对应的几何图形组合，视觉重点突出，主次分明。如图4-6所示，标志设计中的动物元素图形符号。这套标志设计将动物元素和文字设计结合起来，标志本身展现了动物英文字母的拼写组合，显示出生动的动物特征。除了要抓住每种动物不同的外形特征，还要将字母元素融合进去，形成既有图形符号又有文字符号的标志，使标志设计向受众传递出图形和文字的双重信息。明快的色彩，简洁又有趣味性，我们看到了可爱的兔子、灵活的猴子、慢吞吞的蜗牛……每一个标志就是一个动物符号，同时又承载着文字信息，是栩栩如生的图形设计又是巧妙的文字设计。

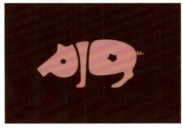

图4-6　动物图形标志设计

对自然元素我们怎么获取形态呢？方法有很多，最直接的是身临其境地采集，通过现场写生描绘、摄影、摄像等方式进行记录收集，再整理归纳分类，日积月累，收集各种题材的自然元素，建立一个自然资源库，随时翻阅调取进行应用设计，既方便又快捷。

大自然给了我们取之不竭的素材源泉，丰富的图形正等着我们去发现、构建，我们只要转化、改变观察事物的角度和层次，多发现、巧设计，就能不断拓展图形符号世界的深度与广度。

自然元素的获取方法有写生与变异、解构与重组两种。

1. 写生与变异

写生是一种非常直接且有效获取自然元素的方式。写生很容易开展，一支笔、一张纸，在有自然元素的环境中就能进行。对自然元素的写生、提取、变异是基于对创造力的训练，我们要对写生对象的形态特征及生长规律仔细观察后，才能很好地把握和表现，同时还要有熟练的表现技巧，在写生的基础上进行大胆的提炼和取舍，摒弃琐碎的细枝末节，整理概括出对象的主要特征，归纳出对造型设计最有用的部分，为图形符号设计做好充分的准备。

如图4-7和图4-8所示，我们对植物写生，记录下花朵、叶片的原始形态，然后根据它们的特征进一步提取变异，得到多种造型元素，再应用黑白、点线面、秩序、重复叠加、加入其他图形等处理手法，使之转变成丰富多样的图形符号。

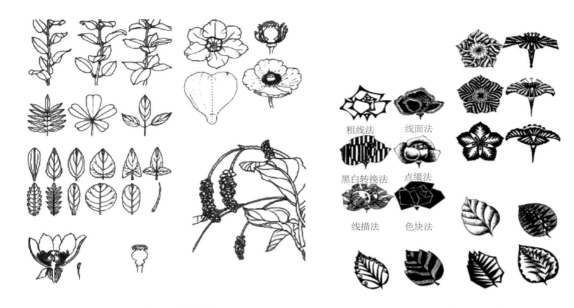

图4-7　植物写生

图4-8　植物写生变形

粗线法　线面法

黑白转换法　点缀法

线描法　色块法

　　绘画大师毕加索也通过写生进行创作，如图4-9和图4-10所示，牛的演变，从最初的较为复杂的写生稿，经过多稿一步步地简化变异，抓住牛的特征，逐渐平面化、图形化，得到最终高度概括后的具有极简风格的牛的图形，但我们依然能感受到非常生动的牛的特征。

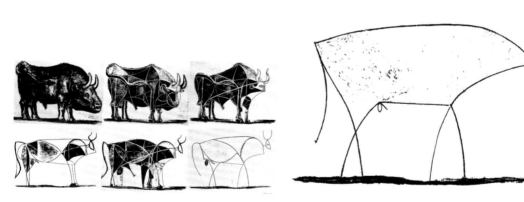

图4-9　牛的变异过程　毕加索

图4-10　牛的最终造型　毕加索

　　如图4-11和图4-12所示，这一组学生作品通过对树叶和龙虾的入微观察、写生、提炼，得到关于叶片和龙虾的图形符号。图4-11将叶片的形态概括提炼为具有该叶片特点的图形符号，再进行重复排列组合，形成具有规律构成形式的叶片图形。图4-12通过对龙虾的仔细观察，去掉繁杂的细枝末节，得到它们身体的概括简化的外形轮廓，对其身体上的纹样特征加以提取重组，再旋转变化龙虾的位置，得到三角形式的龙虾图形符号。

图4-11 树叶图形设计 朱琳 崔明杰

图4-12 龙虾图形设计 王勇

2. 解构与重组

除了通过写生变异的方式获取图形符号外，我们还可以应用解构重组的方式获得。世界上的任何事物，都不可能是一成不变的，都可以通过如分割、打散等方法分解，化整为零，再运用拆分开的物象重新组合形成新的事物，用更加独特的、全新的视角来演绎图形信息。

解构时常以具体的形象为主，解构后的物象要能体现物象的主要特征。也就是说，在解构重组后个性特征被保留下来，并以最简洁的图形符号形式呈现出来，展示事物特点。

如图4-13和图4-14所示，根据牛的真实照片将其解构，抓住主要特征提取重组，得到具有装饰图案特征的牛的图形符号，形象又美观。

图4-13 牛的形态

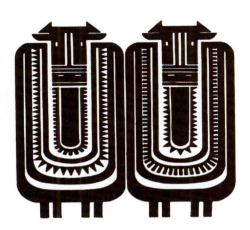

图4-14 牛的图形符号

图4-15对鱼的局部鳞片解构，提取特征，重组排列，由一个单元形重复构成，形成具有四方连续形式的图形符号。图4-16对整条鱼进行了形态概括，重组后的图形已不再是鱼，只有鱼的意象形态，重复后在方向、色彩上变化形成不同的图形符号。图4-17是对小猪的局部元素猪鼻子进行解构

重组，抓住了猪鼻子的形态特征，设计出一系列的变化图形，可爱又有趣。图4-18、图4-19，下雨天水面上的涟漪，一圈又一圈，无数个大大小小同心圆的画面，通过提取、解构、重组，可重新得到重复、对比、相交的圆圈的图形符号。

图4-15　鱼鳞片图形设计　金心怡

图4-16　鱼图形设计　夏意

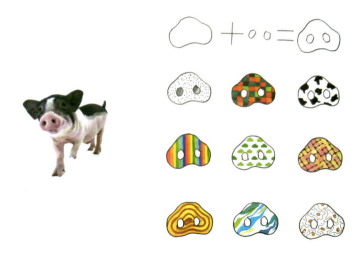

图4-17 小猪鼻图形符号 赵红霞

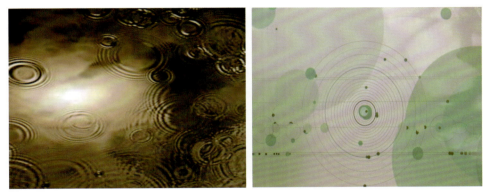

图4-18 涟漪　　　　　　　　　　　　图4-19 涟漪图形符号 丁玉楠

　　通过这样的方式得到的图形符号，既保留了原物象的个性特征，又在此基础上有新的创造，启示着我们以全新的角度对事物展开联想，从视觉和心理上都给人以新的感受。

第五课　社会生活中的"形"

课时： 5课时

要点： 通过视觉观察，从社会生活中获取图形符号，将我们周围熟悉的社会生活元素转化为图形符号。

　　社会生活中的"形"，包含了许多社会的、城市的、人文的事物。城市建筑形态、城市地标、街道、城市标语、广告、数字标点、汽车、工业元素、典型标志等，充满了社会城市工业化生活化的气息，通过整理、收集、再设计，都能将它们图形符号化。

　　如图5-1所示是一套日历设计——2015年纽约建筑创意年历，体现了城市建筑图形在日历上的应用。从1月到12月，将纽约市的标志性城市建筑转化为图形符号，设计制作成每月的月份图形，并形成一个套系，完整而具有整体性，让人在使用日历的同时又能感受到纽约的城市建筑风貌，既有实用价值又有美观性和收藏性。

图5-1　日历设计——城市建筑形态图形符号

如图5-2所示，巴西的12橱窗设计，应用了数字元素12，12既是设计的主体又作为背景的映衬，加之强烈鲜艳的色彩烘托，整个橱窗设计显得格外醒目，既特别又彰显个性。

图5-2　数字图形符号

图5-3至图5-6，应用了箭头图形、工业齿轮、机器人等社会元素，在包装、纸杯、服饰等上面进行造型设计，这些社会元素都是我们周围能发现和提取的，应用在不同的载体上显得创意十足。

图5-3　箭头形态图形符号

图5-4 工业元素——齿轮图形符号

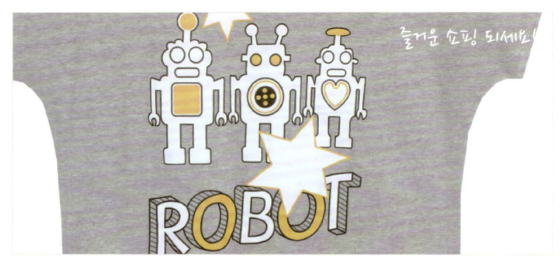

图5-5 服装上的机器人图形

图5-6 包装上的机器人图形

图5-7　经典标志图形的再创意

　　如图5-7所示，新百伦、迪士尼、麦当劳、POLICE、李维斯、阿迪达斯等著名标志，将标志纳入各种不同的昆虫造形中，与昆虫形象合二为一，并保持原有标志的外形特征与色彩，视觉上既新奇又熟悉，碰撞出标新立异的火花，给人以全新的视觉感受。

　　如图5-8所示，这组图形符号设计充满了现代城市生活的气息，以婚礼、旅行、聚会及育儿作为设计主题，在表现婚礼主题时设计了钻戒、领结、心形等图形；在表现聚会主题时设计了蛋糕、礼物、气球等图形；在表现育儿主题时设计了奶嘴、童装、别针等图形；在表现旅行主题时设计了行李箱、埃菲尔铁塔、提包等图形，图形符号的设计与主题一一对应，准确地传达出内容信息，直观、简洁、准确，在色彩上对比明快，颇具观赏性。

图5-8　现代社会元素图形符号

1. 社会元素的获取

社会元素的获取是非常容易的，我们是社会中的一员，生活在处处充满了这些元素的环境之中。

如图5-9所示，学生将城市的标志建筑通过提取概括得到建筑图形符号，北京故宫建筑群的图形符号设计，抓住了故宫回字纹样式的古建筑特点，将其转化为平面符号形态，重复排列组合并加入色彩元素，形成极具传统建筑样式的平面符号。

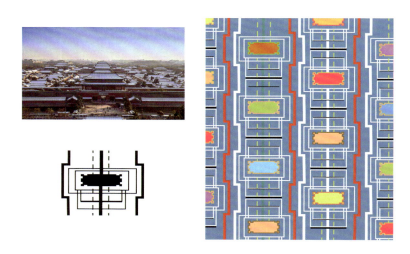

图5-9　故宫建筑图形设计　夏意

如图5-10所示，城市立交是现代城市路面交通的一个重要符号，设计者抓住了路线构成的特征，蜿蜒环绕，曲直结合，形成具有抽象形式的图形符号。

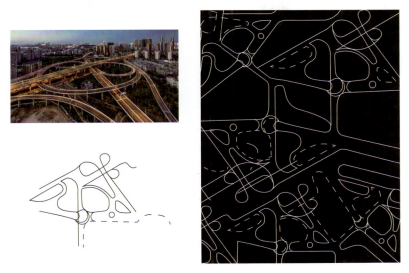

图5-10　城市立交道路图形设计　夏意

将一些社会元素比如足球、卫星接收站、灯塔的造型特点提取后符号化，也显得个性十足，如图5-11至图5-13所示。

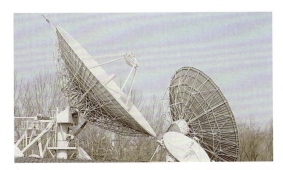

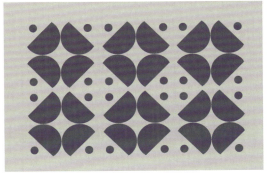

图5-11　足球图形设计　王巍　　　　　　　图5-12　雷达图形设计　王巍

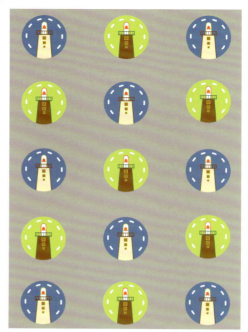

图5-13　灯塔图形设计　夏意

附近

图5-14　标志图形的再创意　李维圆

　　对已有的典型标志等进行再设计，作为在符号基础上提取设计的符号，也是很有意思的创新设计。如我们非常熟悉的"附近"的标志图形（图5-14），从不同的视觉角度进行观察、再设计，演变出多样的图形符号，可谓对原符号的升华。

2. 生活中的常用物件成为设计源泉

　　我们生活中的常用物件，它们在我们身边跟我们朝夕相处，形影不离。只要我们稍留心一点，对其或提炼或改造，就能创新。

对生活常用物件进行形态提取，这里先举几个有意思的例子。例如：每家每户都有插线板，人们几乎每天都在使用。我们将插线板的轮廓和孔的形态提取，再运用不同的排列组合方式，在空间、方向及大小上对比变化，得到变幻无穷的形态，加之色彩的不同，视觉效果更为丰富多样。自行车链条，一环扣一环的长链，我们可以提取出其中的一环作为基本元素，再将其重新组合排列，可以单一重复，也可以调换方向排列，还可以排列形成文字，得到不同的图形符号，适应不同的设计需求。水管接口，每家都有，很不起眼，但你可不要小瞧它们，它们造型多样，有很多种接口形态，能成为我们图形设计的灵感来源。我们通过仔细观察找出其中的规律，结合以点线面、肌理、色彩的合理搭配，可呈现出另一种特殊的图形符号效果，还可以附着在不同材质载体上应用，变幻无穷。

生活常用物件图形是非常丰富的，如果应用得巧妙、恰当的话，会呈现出意想不到的效果。如图5-15至图5-17所示，瓦片元素经过处理后得到带有抽象意味的瓦片图形，把它应用在居家用品上，如抱枕上的图形设计，得到几款不同样式的抱枕，既有内在联系又有形式上的区别。如图5-18至图5-21所示，唇印元素是时下非常时尚且流行的元素，它的应用除了服饰以外，还有面包机等也可以用上。如图5-22至图5-25所示，水管接口图形，在服饰、提包设计上非常美观别致，应用在瓷盘花纹设计上显得简洁大方且造型独特，灵活自由。

图5-15　瓦片　　　　　　　　　　　　　　　　图5-16　瓦片图形

图5-17　抱枕上瓦片图形的应用

图5-18　红唇

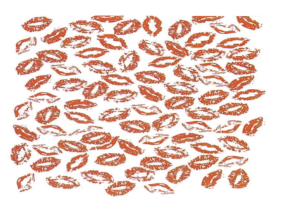

图5-19　红唇图形

图5-20　Lulu Guinness唇印面包机

图5-21　服饰上的唇印图形应用

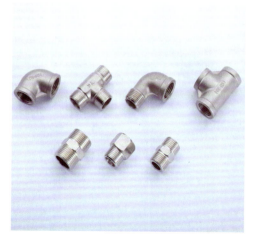

图5-22　各式水管接口

图5-23　水管接口创意图形

图5-24　水管接口图形在服饰上的应用

图5-25　水管接口图形在瓷盘上的应用

　　如图5-26至图5-34所示，人们经常使用的剪刀、台灯、三角板、晾衣架、绑线板、风扇、口红、钥匙、插头、耳机塞、橡皮圈等家用物件，甚至是人们能发现的所有东西，都可以变换成精美的图形设计，形成平面化的符号。

图5-26　剪刀和剪刀图形符号　李金曼

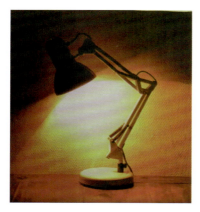

图5-27 台灯和台灯图形符号 王勇

图5-28 三角板和三角板图形符号 王勇

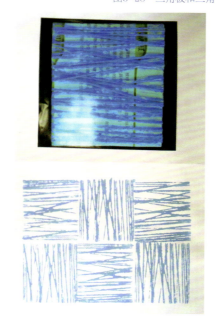

图5-29 绑线板图形符号 张鑫   图5-30 晾衣夹子图形符号 张鑫

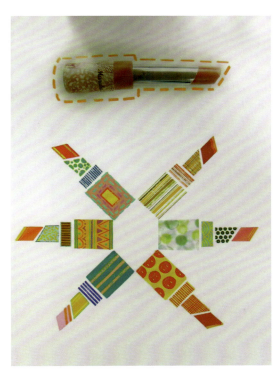

图5-31　口红图形符号　李金曼

图5-32　风扇图形符号　刘曙源

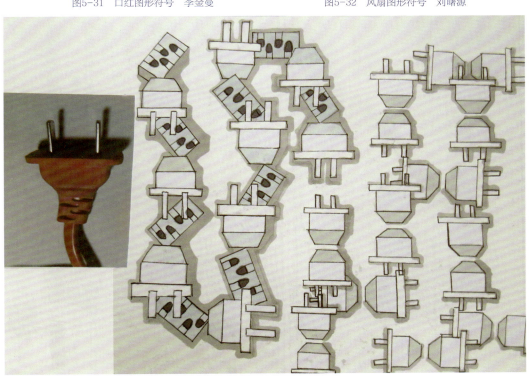

图5-33　插头图形符号　王艺

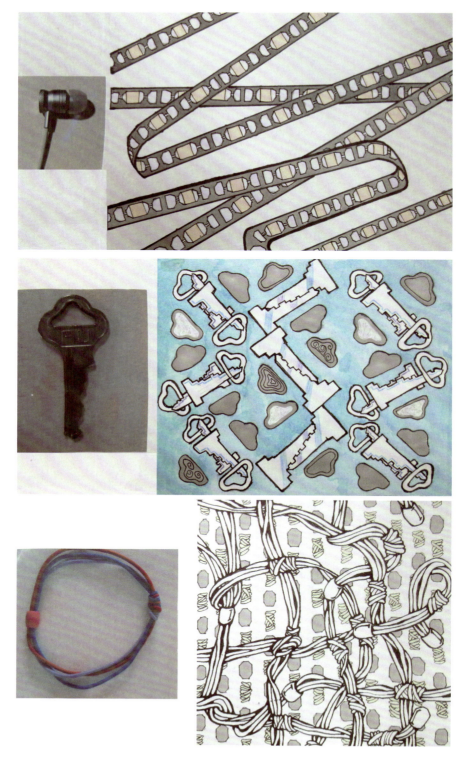

图5-34　耳机塞、钥匙、橡皮圈图形符号　王艺

第六课　传统图形中的营养"汲取"

课时：4课时

要点：学习如何通过视觉观察从传统图形中获取图形符号，优秀的传统图形是取之不竭的宝库。

1. 传统图形符号是巨大的宝库

传统图形是巨大的宝库，它为我们提供了大量的可供参考的有价值的图形，如传统的剪纸、皮影造型、精美的刺绣、吉祥图案、手工艺制品等，我们可以在已有传统图形的基础上，通过元素提取、元素改造、元素多变组合等方式，保留中国民族风格的同时，兼具现代和时尚的特征，并建立一种新的图形符号风格，使传统元素呈现出具有时代意义的新面貌。

如图6-1所示，传统的动物造型剪纸艺术在矿泉水瓶包装上的应用。传统的龟、蟾蜍、鸟等图形，运用现代图形排列组合方式重新演绎，标志图形的设计，背景图形的编排，与英文字体的组合，都打破了传统的形式，呈现出令人耳目一新的现代感。

图6-1　传统剪纸图形在现代包装中的应用

在有些表达传统内容的现代标志设计中，传统元素会被再挖掘。如图6-2所示，表现江南印象的标志，应用了传统中式江南建筑的图形元素，与之内容相符合，让人联想起江南的美景。图6-3是一张海报设计，传统脸谱图形与现代图形符号结合的新图形充分地说明了海报的含义和内容。

图6-2 传统建筑元素的现代应用

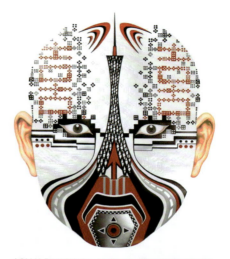

ASIAN DIVERSITY-BEYOND THE GREAT WALL
Dentsu Seminar 2008 June 19 (Thur) 15:30, Debussy
Akira Kagami · Dentsu Tokyo · Sheung Yan Lo · JWT Shanghai · Jiang Jie · Beijing Dentsu

图6-3 脸谱元素的现代应用

汉字的发展演变历史悠久，是传统文化中非常古老且重要的形式。当汉字元素作为一种图形要素进行应用时，有多种设计方式。图6-4中的设计将汉字的笔画作了拆分并重组，在排列上打乱以往的节奏，形成新的形式，使得新的汉字图形显现出既熟悉又陌生的感觉。

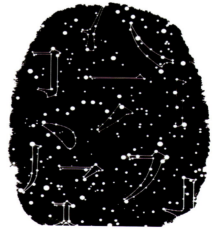

图6-4 中国汉字的应用

2. 设计推进阶段的常规问题

我们在挖掘传统图形这座宝库进行设计时，需要注意以下几个问题。

①我们在选择传统图形时应选择那些有代表性的、有价值的，且人们耳熟能详的图形，因为这样的图形能更大程度地代表中华民族的风格，展示我国传统文化的精华。

②在将传统图形应用到现代设计的时候，应尽可能地保留传统图形的特征风貌，在此基础上，我们通过现代设计手段对其进行提取、改造、再设计，获得现代风格的传统图形。

③在对传统图形进行再设计的过程中，也要遵循设计规律，遵循形式美法则，如运用对比、对称、重复、置换、共生、反构、解构等图形设计手段来实现，而不能没有任何根据地随意臆造，不符合逻辑，打破传统图形的原有美感。

3. 图形符号设计的现代转换

传统图形符号并不是一成不变的直接运用，而是要进行现代转换，使之符合现代设计的需要。怎么进行转化呢？

（1）传统元素的提取

如图6-5和图6-6所示，传统手工艺品——布艺蟾蜍，应用现代化手段对其进行新的演绎，对"蟾蜍"的轮廓造型进行提取，再植入丰富多变的图形纹样，这些纹样多数是现代流行的图形，有抽象的元素，有现代的标志图形，也有社会的文化现象，还有城市的标签，等等。

图6-5　传统布艺蟾蜍

图6-6　蟾蜍图形符号

如图6-7所示，利用生肖图形特征和文字元素重新设计组织，使传统的生肖图形焕然一新，呈现出新的设计气息。

图6-7　生肖和文字的组合图形　斯坦子

如图6-8所示，海报设计中传统纹样图形的应用。传统纹样造型多样，种类繁多，我们可根据现代设计需要提取所需的纹样，云纹、水纹是传统纹样中的常见纹饰，将其运用在现代海报设计中，传统新用，兼具历史厚重感和现代感。

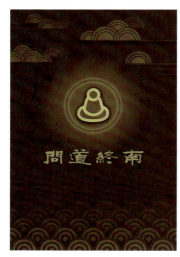

图6-8　海报设计中传统纹样的应用　刘林夕川

如图6-9所示，传统的窗格成了设计源泉，将窗格中交错的格子提取重组，构成既整齐又错位的符号。

如图6-10所示的中国结吊坠，抓住其飘逸分散的形态特征，提取出简洁抽象的图形符号。

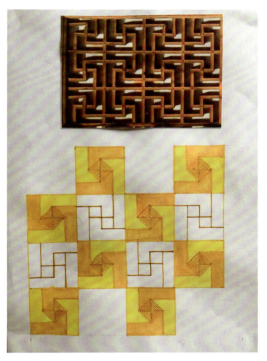

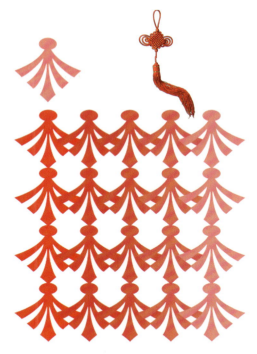

图6-9　传统窗格元素　金心怡　　　　　　　　图6-10　中国结元素　刘曙源

　　如图6-11所示，中国传统春节的视觉图形设计和婚礼请帖图形设计，融入灯笼、蜡烛、喜字等传统图形，加上文字元素，形成了具有现代感的喜庆图形符号。

　　如图6-12所示，提取了传统的窗格子、门锁等元素组合，显得古香古色，符合标志所代表的古建筑设计所的机构特征。

图6-11　传统元素提取组合的文字图形　赵曙光　方琪　　　　图6-12　标志设计　刘曙源

　　此外，我们还可以剔除传统艺术的外在形式，提取传统艺术的"质感"来进行设计，如剪纸艺术的刀刻感、皮影艺术的皮质感、刺绣艺术的针织感……我们将这些"质感"纳入现代图形设计，让图形符号也呈现这些"质感"。它们既传承了传统艺术的特征，又体现出现代图形设计的包容性。这些方式传承与活化了传统样式，展示给人们一系列的丰富多彩的视觉新感受。

（2）传统元素的改造

对传统元素的改造，如图6-13至图6-14所示，将传统的十二生肖造型与现代的折纸艺术及娱乐用的扑克牌结合，呈现出极具现代感的一系列新的生肖组合图形符号。

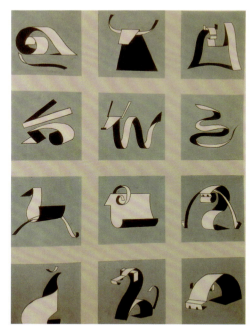

图6-13　十二生肖折纸图形

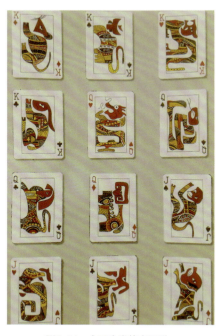

图6-14　十二生肖扑克图形

图6-15　传统纹样的现代转换

如图6-15所示，在现代图形设计中，应用传统纹样与现代的对话框结合，给人既具历史感又有新潮的感受。

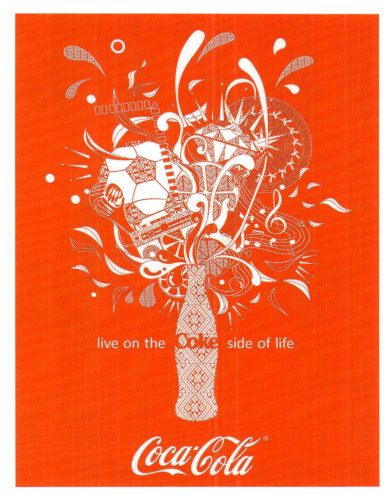

图6-16　可口可乐海报设计

如图6-16所示，可口可乐的海报设计中应用了传统剪纸艺术，将剪纸艺术与可口可乐的瓶身相结合，并赋予它新的内容。传统剪纸的红色与可口可乐标志的红色将两者从色彩上统一起来，视觉上体现了一致性，不仅让传统剪纸透出现代时尚的味道来，也让可口可乐这款现代饮品有了年代沉淀感。

如图6-17所示，折纸艺术在包装上的图形应用。折纸艺术也是我国民间艺术的一种重要形式，造型多样生动、惟妙惟肖。这款在包装上的图形设计主要是动物折纸的应用，如虎、鹤、羊等造型，在折纸的内部还填充了自然花卉植物等纹样，丰富了视觉层次，使包装设计显示出折纸艺术的别样特色来。

图6-17　折纸艺术的应用

（3）形的转换与重组

如图6-18所示，《百寿图》中文字线条的变化丰富，有说不出的韵味，将线条的变幻缠绕的感觉提炼出来形成图形，将图形在梳子、围裙上进行应用，与图形的特点结合得恰到好处。

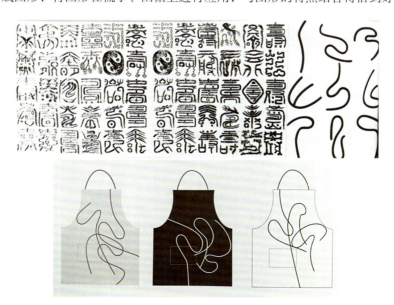

图6-18　中国传统文化《百寿图》及笔画线条提取的图形设计　严小青

如图6-19至图6-20所示，中国功夫动态感、精髓感十足，图形强调了北派功夫的灵活性，"手是两扇门，全凭脚打人"。将其转化成灵活有趣的现代图形符号并进行扇面应用设计，具有浓郁的中国味。

如图6-21所示，点绛唇是传统元素的局部提取运用，在传统仕女图绘画中巧取樱唇作为设计元素，形成有特色的图形元素，传统新用在现代首饰设计中，非常别致漂亮。

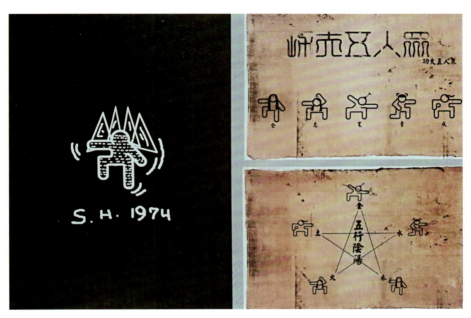

图6-19　中国功夫的图形设计　常方圆

图6-20　中国功夫图形应用　常方圆

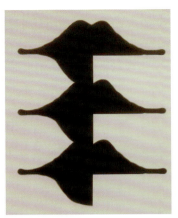

图6-21 仕女图点绛唇图形提取及在首饰上的应用 胡逸卿

第三单元　感官调动——感知图形符号

课　　　时： 14课时

单元知识点： 着重讲解调动感官体验获得图形符号，让学生掌握如何将想象感知、聆听、触摸等感受转换成图形符号。

第七课 "思"——抽象思维下想象 感知的图形符号

课时： 5课时

要点： 学习如何应用抽象思维，通过想象、联想、感知获取图形符号，将我们感知的形象转化为图形。

1. 抽象思维与想象感知

抽象是从众多的事物中抽取共同的、本质性的特征，舍弃其非本质的特征，它是无法亲眼看到的，需要充分地利用思维。抽象思维就是人们在认识活动中运用概念、判断、推理等思维形式，对客观现实进行间接的、概括的和反映的过程。想象是心理学名词，指在已知事物基础上，经过新的配合而创造出新形象的心理过程。

在抽象思维下，通过想象感知创造新的图形符号，这既要用到提取、概括、推理等抽象思维方式，又要充分发挥个人丰富的想象力，这样才能让图形符号设计有章可循且充满生机。

图7-1是卡里•碧波为芬兰青年学院举办的一次研讨会所设计的海报，画面中白色的图形似一个大大的眼睛，又像一个抽象的人脑轮廓，而图形下端一个小小的尖角又让人联想到"逗号"。整个海报的画面语言简洁抽象，在与海报主题完美契合的同时给予观者无限的遐想空间。

图7-2是卡里•碧波为拉海提海报博物馆设计的招贴作品，该作品同样展现了他擅用简练图形表达丰富寓意的艺术表现力。刀片是画面里唯一的图形元素，刀片右侧是锋利的刀刃，左侧是撕裂的纸边。两种质地截然不同的物体巧妙地异质同构在一起，形成了强烈的心理暗示和感官冲击，画面单纯的黑白效果也给观者留下深刻的视觉印象。

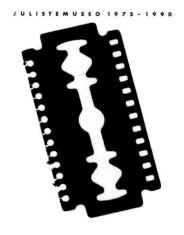

图7-1 《我思考》　　　　　　　图7-2 《博物馆海报》

图7-3是电影《鸟》的海报设计，设计者根据影片内容及观影感受设计出电影海报，让受众从图形上能感受到电影的视觉感官，并应用鸟的图形符号和人张开的手掌图形相结合，两种图形有相似性，形成反构图形，即正负形，勾起人们的无限联想。

图7-3 电影海报中的图形符号

2. 抽象思维到抽象图形的转化

抽象思维与抽象图形的关系，直接或间接。当我们把众所周知的抽象概念元素如点、线、面、几何形等形成抽象图形时，能实现直接的对应关系，例如抽象出圆点、方形点、异形点、粗直线、细直线、曲线、短线、规则的面、异形的面、曲面、圆形、菱形、三角形等各式各样的图形。当我们把一些抽象感受体验如想象、联想或是语言等形成抽象图形符号时，这就需要感受者用心去体会揣摩，调动各方面的敏感神经，就好似一种"化学变化"一般，把感觉和想象生成各种抽象图形符号。最奇妙的是，比如听同一个旋律或看同一个画面，不同的人会有不同的感受，表现形式也会有差别，从而得到不同的"答案"——各式的抽象图形，这就展示出抽象概念与图形的间接关系。

如图7-4所示，抽象线条在包装设计中的应用。这款酒的包装设计，线条黑白相间，对比明快，节奏迂回环绕，从酒的外包装到内包装，整体而成套系，给人视觉上理性、统一的感受。

图7-4　酒包装设计　2018 A'设计大奖获奖作品

如图7-5所示，海报设计中抽象点的应用。大小不等的圆点与字母相穿插形成一个平面，并均匀分布排列，与背景图形区分开来，体现出海报的前后层次关系，条理性十足。

如图7-6所示，抽象几何图形元素在美甲装饰设计上的应用。每个指甲上呈现不同的几何图形，形式新颖独特，造型时尚前卫，黑白色酷劲十足，深受当下年轻人的追捧和喜爱。

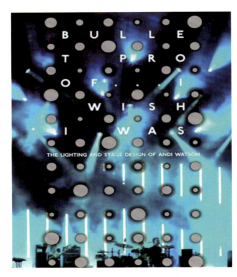

图7-5　海报设计中的点　　　　　　　　　　　图7-6　美甲装饰

如图7-7所示，抽象几何形在服饰、鞋帽上的应用。抽象的几何形如三角形、方形、菱形等拼接形成的组合图形在服饰上的呈现，或者与英文字母相结合，填充在英文字母的内部，再梳理出黑白灰的色彩层次感，形成深浅虚实变化的效果。或者在鞋面上应用，与鞋带的线条感相呼应，形成风格统一的鞋面装饰，与很多服饰都能很好地搭配。

图7-7 服饰上的点、线、面及几何形态

如图7-8所示，抽象短线在衬衫外包装盒上的应用。这个实例全部运用粗短的弧形线条造型，从小到大往外发散似地渐变，并形成一定的规律性和方向性。在弧形线条的内部，还填充了不同形式的图形纹样，使得每条线既相同又有区别，再加上位置的多变，跳跃感十足，像是聚集了众多发散信号线一般，是一款具有非常特别图形符号设计的衬衫包装。

图7-8 包装上的线的应用

将抽象概念转化为图形设计，首先我们可以通过想象感知获得，即从抽象概念出发，想象发散，将其设计转化成图形符号。例如，说到"圆点"，是一个抽象概念元素，我们可以想象一下，它或大或小，或多或少，当应用设计手段对它进行重新演绎后，它将出现更多的形式与特征。我们对点进行重复构成，点由少变多，可整齐排列也可聚散不一，形成具有一定规律和疏密变化的图形符号；再把这些点进行肌理和色彩的处理，让它们有的虚有的实，有的粗糙有的精致，色彩斑斓，深浅不一，这样形成的图形符号充满秩序与韵律感，既新鲜又时尚，增加了点的多变与无限可能性。当然，我们可以有更多的创意，比如加入线的元素，或者加入其他几何形态等，这些方式都可以让点看起来不一样，得到别样的图形。如图7-9和图7-10所示，点的构成和重新演绎，将点做了肌理质感、内部替换、虚实相融以及色彩的处理，显示出不一样的感受。

如图7-11所示，点元素在时装品牌视觉识别中的例子，包括在外包装设计以及吊牌设计上的应用，空心的或半空的圆圈均匀排列，运用黑白两色，时尚耐看，简约而大气。

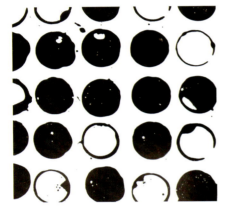

图7-9　点的构成

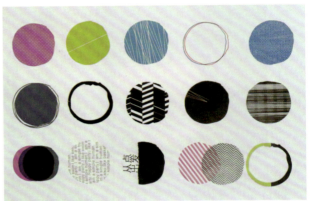

图7-10　点的重新演绎

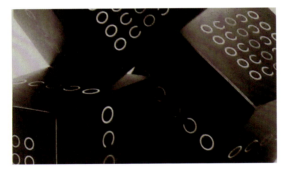

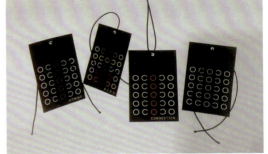

图7-11　时装品牌视觉识别中的点的应用

此外，还能利用抽象词汇概念的想象体验来获得。例如，我们可以列出这样的一些抽象词汇：甜蜜、苦涩、愤怒、愉悦、激动、成熟、幼稚、沉稳、孤独、狂躁……类似的还可以列出很多来，比如一些抽象名词、抽象事物，当我们理解、体验它们并转化它们时，可以得到生动有趣的图形符号。

图7-12和图7-13是两组不同的喜怒哀乐表情图形符号，第一组主要应用色彩要素来表现，通过感知喜怒哀乐的情绪特点，采用与之相对应的色系，展现这四种情绪的抽象表达；第二组则是将其抽象为非常简洁易懂的表情符号，利用我们熟悉的标点符号直观地展示这几种情绪的特点，显得俏皮可爱。

图7-12　喜怒哀乐色彩表情图形符号

图7-13　喜怒哀乐标点表情图形符号

　　图7-14是一组颇具创意的关于地名的图形符号设计。先看看这些地名名称吧！飘香桥、灯儿晃桥、黑山谷、鱼跃峡、蝉鸣峡、石皇伞、撑腰岩……这些名称本身就能给人无限遐想，具有画面感。充分发挥我们的想象感知，再结合地名字面的意思，于是就有了这样的图形设计：飘香桥突出了"飘"，灯儿晃桥突出了"晃"，蝉鸣峡突出了"鸣"，撑腰岩突出了"撑"等。试想一下，我们在某个旅游景点看到这些图形符号标识，是不是比乏味的文字标识更有趣、更形象呢？

图7-14　风景地名图形符号设计

　　图7-15是二十四节气图形设计，立春、雨水、惊蛰、春分、清明、谷雨、立夏、小满、芒种、夏至、小暑、大暑、立秋、处暑、白露、秋分、寒露、霜降、立冬、小雪、大雪、冬至、小寒和大寒这二十四节气也是抽象的概念，我们要进行图形表达，除了抓住二十四节气的气候特征以外，还要了解在不同节气的植物生长规律，这样我们才能设计出符合节气特点的图形，以至看到图形符号马上就能说出对应的节气。

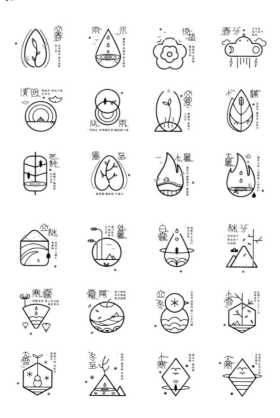

图7-15　二十四节气图形设计　苏晋慧

第八课 "听"——聆听到的图形符号

课时： 5课时

要点： 学习如何利用听觉感官来获取图形符号，将我们聆听感知的声音、音乐、歌曲等转化为图形。

聆听到的图形，我们可以通过感官的抽象体验，如聆听、想象感知等方式，抓住"感受"，将体验到的"感受"转化为图形符号。这在符号学里称为"通感"，即"跨越渠道的表意与接收"。符号感知落到两个不同感官渠道中，如光造成听觉反应、嗅觉造成听觉反应等。这里是听觉造成的视觉反应，我们先举一个关于聆听音乐的例子。

先来欣赏一段优美的音乐旋律，音乐名称是《人生的旋转木马》，选自日本音乐大师久石让的作品。要求听者在聆听过程中感受和把握音乐的特点，并展开自己的联想。音乐旋律流畅、悠扬、回旋，像极了在空中的漫步，又像是坐着漂亮的木马在旋转，让人联想到就如同人生一样，时而升起时而落下时而又回旋不前……抓住聆听感受，我们可以设计得到一张关于此音乐的图形（图8-1），是不是很特别呢？

图8-1 《人生的旋转木马》音乐图形设计

如图8-2和图8-3所示，通过聆听《天空之城》和《柠檬树》的音乐旋律，形成美妙的音乐图形。《天空之城》给人以大气磅礴又悠扬的旋律感，应用了天空之城的抽象形状正和倒的三角形，随着节拍变换出不同阵型图，色彩的深浅变化也体现了音乐的强弱规律及音的高低。《柠檬树》给人活泼灵动之感，体现在图形上也圆润可爱。画面上一个个彩色跳跃的音符疏密聚散，大小不一，让我们感受到节拍的轻重强弱。

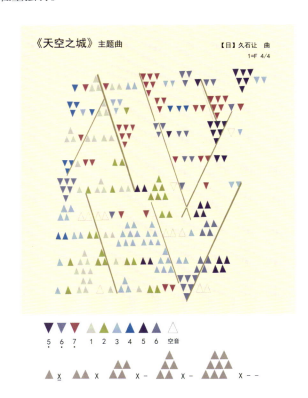

图8-2 《天空之城》音乐图形 黎婧宏

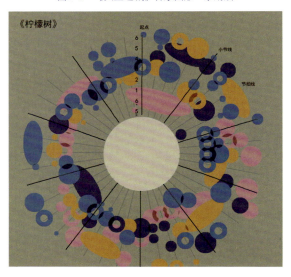

图8-3 《柠檬树》音乐图形 黎婧宏

图8-4也是久石让的音乐作品，名字为《summer》，短促、回旋、跳跃的旋律，给人以轻快、凉爽之感。

图8-4　《summer》音乐图形设计　黄思渝

图8-5是学生的声音图形符号设计作业，聆听的是指甲刮擦黑板发出的声音。对这种声音，可能大家深有体会。在做这个作业的过程中，学生作了现场声音展示，用指甲反复刮擦黑板表面，发出"吱吱"的尖锐、刺耳的声音，让人浑身不适，不由自主地起鸡皮疙瘩，甚至有的同学迅速捂住耳朵。通过聆听和体会感受，设计出如同激怒的猫咪竖起尾巴、立起全身的毛一般的图形，尖锐的不规则的尖角，像针尖又像闪电，非常形象、贴切。

图8-5　声音符号——指甲刮擦黑板声　赵红霞

图8-6和图8-7是关于聆听音乐的图形符号，看着图形让人展开联想，仿佛音乐就在耳边流淌一般，形象的感受，动人的图形。音乐中我们仿佛看到了虫鸣鸟叫、萤火虫飞舞，看到了宁静的月夜和涟漪荡漾，还有连续跳跃的彩虹，多彩的梦境在无边无际的空间中虚幻延伸，鼓点的弹跳……图形符号诠释着一个个音乐乐章。

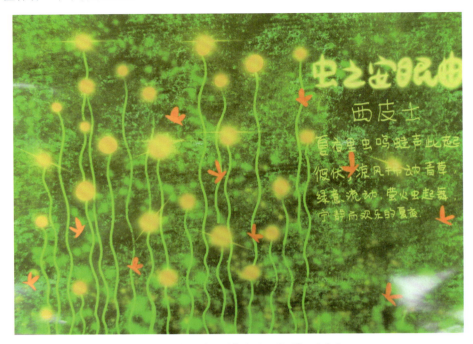

图8-6　《虫之安眠曲》音乐图形设计　李金曼

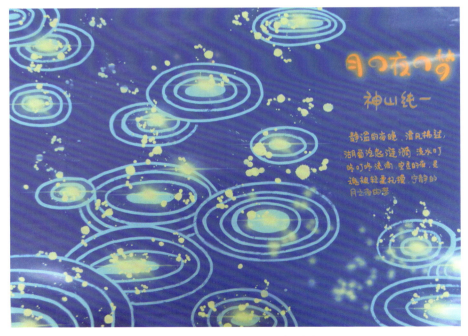

图8-7　《月之夜》音乐图形设计　李金曼

如图8-8和图8-9所示，聆听歌曲后感受的图形。《彩虹》主要应用了色彩要素，像梦幻的彩虹一般，色彩斑斓，随旋律的高低起伏跌宕。而《梦的延续》就好像一个神秘的梦境，有空间的延伸感、立体感。蓝色冷调有些忧郁色彩，水纹的无限延展，月亮的出现，天窗似的构图，很好地诠释出歌曲的特点。

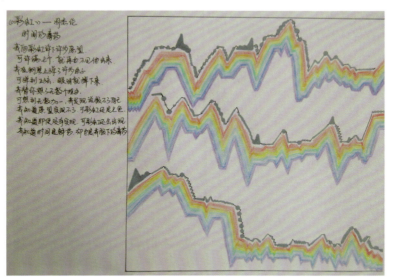

图8-8 《彩虹》音乐图形设计 祝艳艳

图8-9 《梦的延续》音乐图形设计 刘曙源

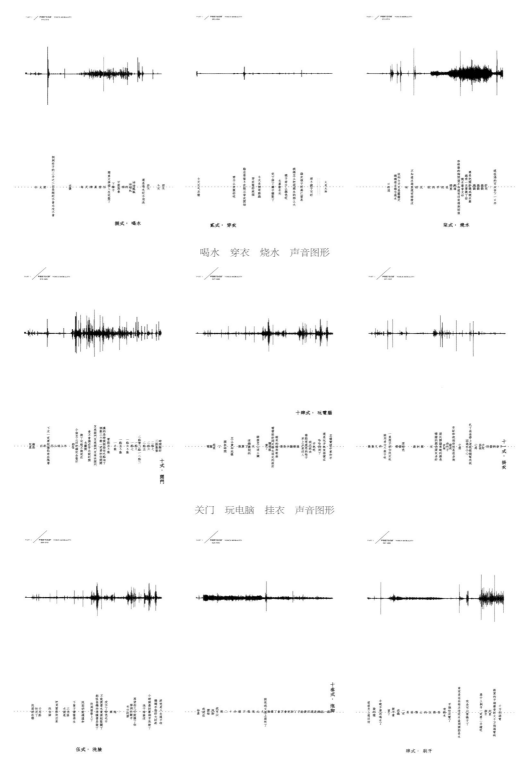

喝水 穿衣 烧水 声音图形

关门 玩电脑 挂衣 声音图形

洗脸 泡脚 刷牙 声音图形

图8-10 《听到的图形》 倪莎

图8-10是学生设计的一组关于声音的图形符号，这组图形符号非常有创意。对于声音，我们的耳朵是非常敏感的。每天我们都听到很多重复又熟悉的声音，如起床穿衣、刷牙洗脸、上厕所、梳头、关门、玩电脑等声音，每种声音有各自的频率和特点，甚至不同的人做同样的事情声音又不同。通过声音，我们可以判断正在做的某种事情，把这些声音收集整理，根据音频的长短高低将它们转化为看得见的图形符号，形成听到的图形，每个人都可以设计出关于自己的声音图形符号，是不是很有意思呢？

此外，我们还可以设计音乐动态图形，伴随着音乐旋律的高低强弱，那些炫亮的光影特效动态图形的每一帧，都可根据音乐节奏用聆听并抽象想象的方式生成感知图形，我们可以将音乐旋律进行拆分，分离出不同音质如长音、短音、高音、低音，或者是不同乐器如鼓点、钢琴、长号、扬琴等特点，设计出相对应的鼓点声音图形、钢琴声音图形、打击乐器声音图形等，再利用声音高低排列它们各自的位置，最后将所有声音图形再连接起来，就成为连贯流畅的声音动图。那么每首歌，每段旋律都有了自己可视的动态音乐图形。

在图8-11中，每一个小箭头就是一个小单元图形，按照设计者预设的路径前行，在一个螺旋形的轨道上旋转前进，形成发散状的动态构成图。图8-12是一组光影效果的动图，多路径、多轨道的设置，使一个单元图形化作多个图形，再加上动态重复构成设计，增加了视觉层次感。如图8-13所示，动态图形投射在墙面上，包含了几何形态、文字设计、点线面等构成要素，变幻莫测，丰富多变的色彩，产生了让人视幻的效果。

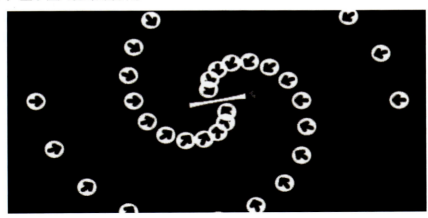

图8-11 动态图形

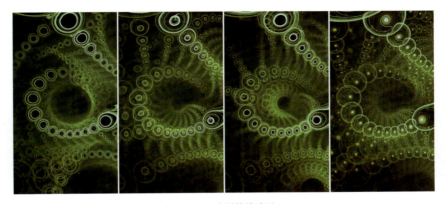

图8-12 光影特效动图

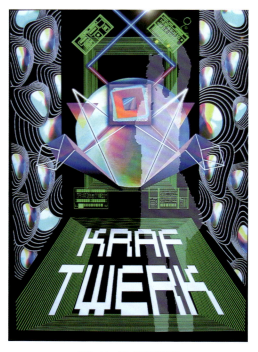

图8-13　动态图形投影

　　如图8-14和图8-15所示的学生动态构成作业，展示了图形的动态过程，设置好它的运行轨迹，图形就随之而动，是有着丰富变化的动态图形符号。

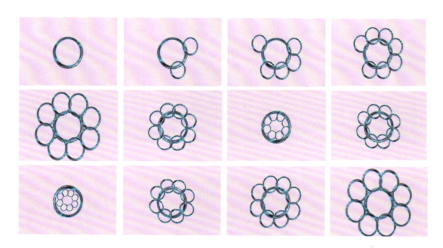

图8-14　学生作业　动态构成

图8-15　学生作业　动态构成

第九课 "感"——触摸到的图形符号

课时： 4课时

要点： 学习如何利用触觉感官来获取图形符号，将我们触摸感知的肌理、材质、质感等转化为图形。

用触摸的方式设计图形符号，是"通感"的继续沿用，是用触觉造成的视觉反映。这就涉及不同的材质肌理以及给人的感受，这就好像一个盲人在阅读盲文一般，是一种触摸感受，再将感受转化为视觉语言。

我们可以做这样的实验，让感受者蒙上眼睛，用手触摸一张有触觉肌理的画——包含丰富材质的漆画。

图9-1 包含丰富材质的漆画 陈恩深

图9-2 触摸漆画后的图形设计

如图9-1所示，画面上密布着凸起的石膏、铜丝、蛋壳，铺成有均匀的细沙，还有小面积的铜箔、铝箔、清漆之类的平面肌理，感受者通过手的触摸，把每种材质感受捕捉下来形成触觉记忆，蛋壳给人小块的粗糙质感，细沙给人细小颗粒质感，铜铝箔给人光滑平整之感，铜丝给人线状硬质之感。如图9-2所示，不同材质会有不同心理感受，将这些心理感受转换为图形符号语言，就是触摸到的图形。

将图形符号设计成印章，雕刻在木头或其他材质上，形成可拓印的图形。不同材质载体的图形符号有着不同的触感。如图9-3所示，我们将触摸到的图形用印章转化成了可视性图形。如图9-4所示，可触摸的侗锦图形也可以设计得丰富而漂亮。

图9-3　印章图形符号

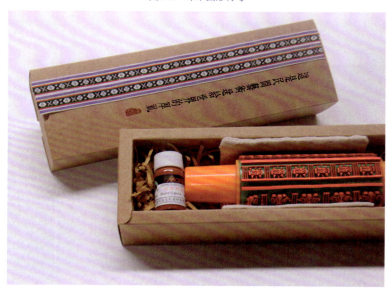

图9-4　可触摸的侗锦图案滚筒印章

触摸体验到的图形，感受不同材质肌理的物体后凭触觉记忆感知的图形。图9-5，洗澡的感受，水流的线状、点状，打在皮肤上的力度体验。图9-6，睡前数绵羊，如迷宫般地走走停停，意识模糊、混沌、数不清的状态。图9-7，飞纸飞机的体验，纸飞机在空中盘旋环绕的轨迹交织成一张网，远近高低都有，错落成趣。图9-8，通过触摸感知吹肥皂泡泡得到的图形，展示了肥皂泡由小变大，由大到破裂消失重新生成的过程，图形表达大大小小，虚虚实实，亦真亦幻。

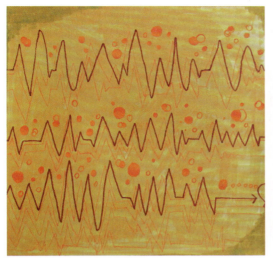

图9-5　洗澡的感受　金心怡

图9-6　睡觉前数绵羊　詹开银

图9-7　飞纸飞机的体验　朱琳

图9-8　触摸肥皂泡　刘曙源

第四单元　图形构建——组织图形符号

课　　　时： 14课时

单元知识点： 在前面发现图形符号的基础上，通过有针对性的案例让学生掌握抽象图形符号、具象图形符号、文字图形符号的组织构建方法。

第十课　抽象图形符号设计

课时：5课时

要点：本课学习如何构建抽象类图形符号，掌握抽象图形符号的设计原理和构建方法，并结合典型案例举例分析。

1. 认识抽象图形符号

抽象图形符号是从具体事物中提取出来的超脱自然现象之外的相对独立的概念、属性、关系、几何、块面、色彩、线条等视觉元素的表现。抽象图形具有简洁、鲜明、便于复制的特性，可以体现特定内容，表达深远的含义，并引发逻辑的联想。

抽象图形符号应用抽象的图形语言去表现图形符号的内涵。它往往没有具体的形象，我们难以直观地发现明确的视觉形象，常以特定的符号传递信息和概念，表现较为复杂的、抽象的内涵和概念。在应用时应考虑图形跟理念的一致性，以及大众对图形的理解接受程度。

图10-1　太极图

中国道教太极图就是一个非常典型的抽象图形符号。如图10-1所示，太极图形简单、美观，一个圆圈、一条曲线、两个圆点，就构成了能形成一个学科（"太学"），包含了深奥庞杂含义的、蕴藏着中国哲学智慧的符号。

　　太极图是对事物运动和结构成因的抽象图解，由一条"S"线将太极图分为两个独立的部分——阴块和阳块，阴块中有阳小块，阳块中有阴小块，阴阳互生，旋转而流畅。这个旋转的阴阳鱼图形包含有七大含义：结构、规则、旋机、均衡、圆融、变异和方向。

　　图10-2是应用太极图图形原理所设计的标志，正负图形旋转阴阳互生，共存在一个圆形图形内部，共用一条轮廓线，相互依存。

图10-2　标志设计

　　抽象图形在设计中应用非常广泛。点、线、面以及由它们组成的图形都是抽象图形，但都是根据一定的规则和要求将每个元素组织在图形中。抽象图形根据不同的排列和组合可以产生万千变化的效果。最常见的如三角形、矩形、梯形、圆形等，以及许多不规则形态。

　　将抽象图形应用于设计中，能使设计更加丰富多彩、生动形象，达到意想不到的效果。如图10-3所示，抽象图形符号常应用在标志设计中，常常以点、线、面或几何形的形式呈现，并以秩序化的手法如重复、渐变、对称、旋转等进行组合、排列，形成新的更为复杂的抽象图形。

图10-3　抽象标志设计

如图10-4所示的抽象交通标志，由不同的几何形态、数字、箭头、色块、交通灯等抽象元素组成，简洁明了地传递交通信息。

图10-4　抽象交通标志

2. 抽象图形符号的组织方法

（1）秩序化手法

重复、均衡、均齐、对称、放射、渐变、等阶、错位等有秩序、有规律、有节奏、有韵律地构成图形，给人以规整感。

如图10-5所示的华为标志，运用放射、旋转、渐变、重复、层排等原理构成秩序化的抽象图形符号，由中心向四周扩散放射、旋转，由大到小地渐变，重复排列等构成。

如图10-6所示的品香糖果标志设计，运用了3个大小相同的抽象的螺旋形构成"品"字，明亮的色彩体现了产品特点，很受小朋友的喜爱。

图10-5　秩序化图形

图10-6　品香糖果标志设计　贾凯歌

如图10-7所示的学生手机界面设计练习，抽象几何体重复、排列，作为背景的三角几何形，大小不一，自由构成，形成了动静的节奏感。

图10-7　手机界面设计　卢欢

（2）对比手法

色彩对比，如黑白灰、红黄蓝等；形态对比，如大中小、粗与细、方与圆、曲与直、横与竖等，给人以鲜明感；方向对比，正与反、上与下、左与右等。

如图10-8所示，运用色彩对比、形态对比、方向对比构成的图形符号，在图形中体会到色彩的冷暖、形态的曲直方圆、方向的上下左右等感受。

如图10-9所示，新视野培训机构的标志设计，运用了圆形与方形的对比，曲线与直线的对比，粗线与细线的对比相结合的对比构成。

图10-8　运用对比手法的图形

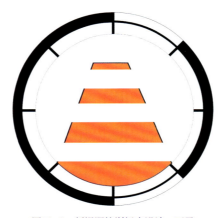

图10-9　新视野培训标志设计　王勇

如图10-10所示的学生标志设计练习，运用了抽象的箭头图形，箭头具有指示方向的作用，向上和向下的箭头形成了方向的对比，在视觉上更丰富。

图10-10　标志设计　夏意

（3）点线面手法

可用大中小点构成，阴阳虚实变化；可用线条构成，粗细曲直错落变化；也可纯粹用块面构成，各种形态大小对比；还可用点线面组合综合构成，给人以丰富感。

如图10-11所示，点线面的综合构成，在图形中有主体的箭头形态的面，等齐的短直线，还有围绕四周一圈的点，点线面共同组成图形符号，丰富了视觉表现力。

图10-11　运用点线面手法的图形

如图10-12所示，在名片设计的图形应用中，点线面手法也是很重要的一种。彩色的小点给人活泼跳跃之感；面作为背景块面起衬托作用，给人稳定感；线是最有情绪的，连接点和面，流畅圆润。

图10-12　名片设计中的点线面手法

如图10-13所示的学生标志设计练习，以线构成为主的设计，标志图形中有曲线、直线、长线、短线、粗线、细线等各种线，再加上金银色彩的搭配，显得别致且有质感。

图10-13　线构成的标志设计　刘曙源

如图10-14所示，以圆形的面构成为主的标志设计练习，大的面、小的面、连接的面、独立的面在同一个图形中，光感的处理增加了立体感。

图10-14　点构成的标志设计　夏意

（4）矛盾空间手法

将图形位置上下、左右、正反颠倒和错位后构成特殊空间，给人以新颖感。

如图10-15所示，一组矛盾空间手法的图形符号设计，或是图形上下、左右倒置形成新空间，或是图形首尾相接、错位形成新空间，给人图底关系反转及平面中的立体空间之感。

图10-15　矛盾空间手法的图形

图10-16至图10-18是学生标志图形设计练习，应用矛盾空间手法将图形正反颠倒形成特殊空间，得到不同的效果。

图10-16　个人工作室标志　祝艳艳

图10-17　光影工作室标志　常健乔

图10-18　中环科工（北京）环保技术研究院标志　李昆

第十一课　具象图形符号设计

课时： 4课时

要点： 本课学习如何构建具象类图形符号，掌握具象图形符号的设计原理和构建方法，并结合典型案例举例分析。

1. 认识具象图形符号

具象图形符号是以直接再现客观对象、最大限度地保持对象的基本特征为造型手法的图形符号。它具有直观、易被迅速解读的特性，易给人留下深刻印象。

具象图形要遵循图案设计的形式法则，对自然界中事物的结构、特征、规律，以去繁就简、去粗取精为原则，通过夸张、省略、添加、变形、拟人等方法使具象图形更具有鲜明的识别性与象征性。

具象图形符号既是传统的图形语言形式，又是现代设计的非常重要的方式之一，兼具象征、审美与识别的功能。例如，莲花图形代表着纯洁；太阳图形象征着活力、激情、年轻、权利、重生等；龙是东方人的图腾，象征着吉祥、智慧和力量。再如，我们生活中的许多标志设计、交通警示标志、图标等，都是直观具象的符号。

图11-1　苹果标志

如图11-1所示，苹果标志应用了具象的苹果图形，而且是"被咬了一口的苹果"，增加了标志的生动性，咬掉的缺口唤起人们的好奇心，非常诱人。

　　如图11-2所示，具象图标直观明确地展示了不同图标所示的意义，具象化、逼真化、生活化，向受众准确地传递出信息。

图11-2　具象图标

　　如图11-3所示，具象交通标志，用具象的图形符号传递交通信号和信息，直观、快速、明了、准确。

图11-3　具象交通标志

如图11-4所示，某摄影师的名片设计，具象的相机图形元素的重复并置排列应用，非常直观地表明了职业身份特点，而且在白色底板上运用红色，视觉上显得格外鲜艳醒目。

图11-4 某摄影师名片设计

如图11-5所示的手机界面APP图标设计，应用了具象的卡通图形，圆润可爱，通过识别不同的图标、图形来使用不同功能的APP。

图11-5 APP图标设计 谭思恒

2. 具象图形符号的组织方法

（1）逼真写实

运用具有较强写实性的手法表现图形，使图形接近真实事物的原貌，将事物的总体特征体现准确，形成具有立体性、逼真性的图形符号。

如图11-6所示的电脑图标图形，运用了具有写实性的图形符号，熟悉易懂，直观明了。

图11-6　电脑图标

如图11-7所示，肯德基、真功夫、黑人牙膏等品牌也都应用了真实的人物形象作为标志，容易识别和区分，让人印象深刻。

图11-7　写实手法标志

图11-8至图11-10是学生标志设计练习，写实风格的图形符号使标志设计变得真实而生动，易激发人们对美好事物的想象力。

图11-8　标志设计　王巍

图11-9 标志设计 丁钰楠

图11-10 标志设计 李金曼

（2）意象概括

在具象形的基础上通过意象变形手法，表现和概括出事物的主要特征的图形，具有条理性、概括性。意象形不是表象，往往加入了设计者的主观意识。

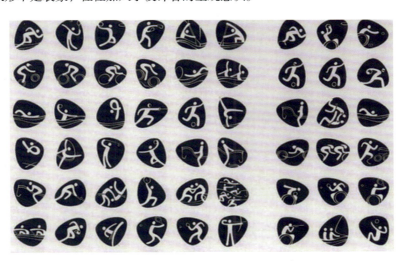

图11-11 奥运会比赛项目图标

81

如图11-11所示的奥运会比赛项目图标，运用简洁准确的图形表示各种比赛项目，既显示出该项目的特点，又让来自不同国家的人都能准确理解，不会产生歧义，还美观大方，是超越了语言的图形符号。

如图11-12所示的公共标志图形，运用意象的图形符号传达信息，哪里有医院，哪里有餐厅，哪里找警察，哪里可以存放行李或是休息，一目了然。

图11-12　公共标志

如图11-13所示的陶艺工作室标志设计，意象性的图形将陶罐和树叶的造型合二为一，与名称贴切相符，又具有艺术气息。

图11-13　标志设计　李金曼

如图11-14所示的标志设计练习，是袋鼠形象的意象表现，我们看到了袋鼠的生动轮廓，内部应用三角几何形填充，一只折纸袋鼠仿佛活跃了起来。

图11-14　标志设计　王巍

　　如图11-15所示的夜莺音乐工作室标志设计，一个剪影似的意象夜莺形象，既符合音乐工作室的特点，又给人无限遐想。

图11-15　标志设计　李金曼

　　如图11-16所示的手机界面图标设计，平面化的意象图标简洁、规整，给人清爽、明了之感。

图11-16　手机界面设计　杜佳音

（3）巧用卡通

卡通造型图形是常用的一种图形手法元素（图11-17）。卡通形象具有亲和力强、易记忆的特点，通常运用人们喜闻乐见的造型，如可爱的动物、电影电视卡通形象、拟人化的形象等，是具象图形符号表达的重要方式。

图11-17　卡通图标

如图11-18所示，让"80后"记忆深刻的大白兔奶糖，标志图形选用了和名字一样的大白兔卡通造型，活泼可爱，从图形到产品都深受小朋友喜爱。

如图11-19所示，海尔集团的标志图形也应用了海尔兄弟的卡通人物形象，颇具亲和力。

图11-18　大白兔奶糖标志　　　　　　　　　图11-19　海尔标志

如图11-20所示的学生标志设计练习，猫咪和鱼组合的卡通形象可爱有趣，被图形的吸引变为对产品的关注期待。

如图11-21所示的食品类标志设计练习，同样是奶糖，应用了大小对比手法显示出小兔很小，卡通的大萝卜和超级小兔趣味十足。

图11-20　卡通标志　李金曼

图11-21　卡通标志　卓昱衡

（4）图底反转（正负形）

图底反转也称为正负形，正形是图形中实实在在的形，负形是画面中虚空的形。正负形相辅相成，组合成一幅画面，成为正负图形。

如图11-22所示，正负形图形，正形与虚空形共存，形成一个整体，互为正负，相辅相成。

图11-22　正负形图形

如图11-23所示，应用图底反转原理设计的标志图形，一图多形，一图多意，在视觉表现上、意义上都更为丰富。

图11-23　正负形标志

如图11-24所示的广元市凤凰大酒店标志设计，是图底反转原理的应用，凤凰图形和后边的太阳图形互为正负形，共同组成整个标志。

如图11-25所示的正负形图形设计，蝴蝶作为正形是主体部分，蝴蝶的翅膀轮廓与周围的空间又组成人的侧脸构成负形，正负共存。

图11-24　正负形标志　陈鹏　　　　　　图11-25　正负形图形　刘梦婷

（5）共用图形

顾名思义，就是两个或两个以上图形组合在一起时，边缘线是共用的，仿佛你中有我，我中有你，从而组成一个完整的图形。共用图形是一种图形元素的构成方法，给人以巧妙、整体、统一的视觉感受。

如图11-26所示，两个交叠的酒瓶轮廓勾勒出新的向上的火箭图形，3个图形共用1条交叉线，共用共生。

如图11-27所示的共用形标志，凶猛的豹子中间隐藏着一只温顺的小猫，豹子的内部轮廓与猫的外部边缘形成共用关系。

图11-26　共用形标志　　　　　　　　图11-27　共用形标志

如图11-28所示的恐龙酒业标志设计，恐龙的内部轮廓和酒瓶的边缘线共用，你中有我，我中有你，有异曲同工之妙。

图11-28　标志设计　倪莎

（6）适形造型

适形就是外形的合适，通过点、线、面、色彩、肌理、立体的变化和平面空间的限定，综合各类关系要素如材料、技术、构造、功能等，使形式和内容在图形中保持协同与融合。适形造型一般遵循内部形态多样化、复杂化，外观形态一体化、单纯化的规律。

如图11-29所示，中国传统纹样汉代四神纹就是适形造型的典范，不同造型的神兽都适合在圆形空间之内，求大同存小异。

图11-29　汉代四神纹

如图11-30所示，星巴克咖啡标志整个一圆形造型，里边的图形根据圆形外形适型而设计，饱满而规整。

如图11-31所示，淡水鱼类资源与生殖发育教育部重点实验室徽标设计，运用了太极图原理，旋转对称，鱼卵、鱼、水等元素适形共存。

如图11-32所示，长寿泉矿泉水标志，代表长寿的仙鹤和代表水的浪花造型共同适合于圆形空间之中。

图11-30　星巴克标志　　　图11-31　实验室标志设计　刘小怡　　　图11-32　长寿泉矿泉水标志

如图11-33所示，学生包装设计中的图形设计，各种水果看似自由排列，却限定在一个心形平面空间之中，色彩亮丽，轮廓分明。

图11-33　包装设计　朱红霞

如图11-34所示，标志设计中的适形，在半圆形的空间内各种工具适形而生。

如图11-35所示的上海动物园标志，图形中简笔大象与文字共同组成半圆形态，形成适形图形。

如图11-36所示的字体设计，酒瓶造型与英文字紧密结合适形设计，融为一体。

图11-34　标志设计　倪莎　　　　图11-35　标志设计　刘梦婷

图11-36　字体设计　张鑫

第十二课　文字图形符号设计

课时：5课时

要点：本课学习如何构建文字类图形符号，通过学习掌握文字图形符号的设计原理和构建方法，并结合典型案例举例分析。

1. 认识文字图形符号

文字图形符号是特殊的图形。

文字图形分为汉字和拉丁字。汉字是以图形、象形文字为基础，再进一步发展成音、形、意三位一体的文字系统，影响深远。汉字的图形化有着概括、提炼意念以及美学方面的优势，是很有效的设计元素。几何化的拉丁字有着简洁、规范、利于图案归纳、推广的特点，具有极强的国际化优势，有利于元素的组织构成和系统推广设计的要求。

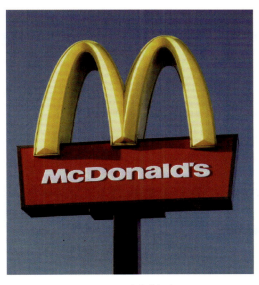

图12-1　麦当劳标志

如图12-1所示，McDonald's的"M"标志的金色拱形是今天最为著名的标志之一，简洁的"M"和传统的红黄色彩已然成为世界上最著名的品牌特征之一。麦当劳标志取"M"字母作为其标志，颜色采用金黄色，它像两扇打开的黄金双拱门，象征着欢乐与美味，拱形代表一个庇护所，人们可以在这个金色拱形下无忧无虑地休息。

如图12-2所示的中国福利彩票标志，由"彩票"的拼音字母首字母"C""P"构成主体框架，中心部分由两个平行、上升的长方形组成，代表多种类型的福利彩票。整个图形构成汉字"中"字的造型。两侧的弧形和中心部分构成灯笼的造型。"中"字代表中国；灯笼为喜庆、幸福之意，表示福利。

图12-2　中国福利彩票标志

如图12-3和图12-4所示，"中国红十字会成立一百周年"邮票设计和名人国际大酒店的标志设计都用汉字作为创意。中国红十字会邮票设计将大小不等的红十字组成"华"字，直观准确地表达了含义。名人国际酒店则是将"名人"两字整体设计，共同组成适形文字，形象上整体而直观。

如图12-5所示，7天连锁酒店标志以数字"7"作为主体要素，和"7天"的概念对应。

图12-3　邮票设计　　　　　图12-4　名人国际大酒店标志　　　　图12-5　7天连锁酒店标志

2. 文字图形符号的组织方法

（1）运用首字

将英文名称首字母或中文名称的字首文字、拼音首字组合等作为核心设计要素，进行文字图形符号设计。

如图12-6所示，中国中央电视台标志，英文全名CHINA CENTRAL TELEVISION，选取每个英文单词的大写首字母进行组合，既是全名的缩写，又是简洁易记的标志。

图12-6　中央电视台标志

如图12-7所示的德克士快餐标志，选用英文名称大写首字母"D"作为设计元素，绿色给人舒适、自然、健康的感受。小鸟的图案，预示着德克士致力于带来自然与新鲜的美味体验，让美味不仅留于唇齿，更让美味带来的快乐飞翔在每位顾客的心间。

如图12-8所示，支付宝标志以支付宝的文字首字"支"字作为核心设计要素，通俗易懂，直观明了。

图12-7　德克士标志　　　　　图12-8　支付宝标志

图12-9至图12-12是学生的标志设计练习，巧用首字或首字组合，再应用色彩和图形搭配，创意十足。

图12-9　女士帽标志设计　赵红霞　　　图12-10　标志设计　陈鹏

图12-11　搜索引擎标志和航空公司标志设计　刘梦婷

图12-12　天庆物流标志设计　李昆

（2）适当省略

在有倾斜线条、有枝杈或是有纤细笔画的字体当中，可以适当省略文字的某部分笔画，不会影响文字的辨认和信息的阅读，省略的部分我们的眼睛会自动补齐。这样的文字符号虚实结合，更具空间感和透气性。

如图12-13所示，省略部分笔画的英文组合字体，字体内空间更大，字母连接更清爽、简洁，视觉新颖感更强。

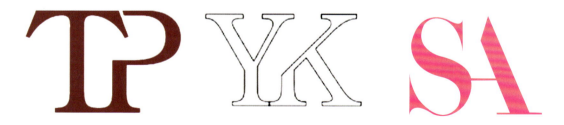

图12-13　部分省略文字设计

（3）共用笔画

在组合文字符号中若干个文字元素共同借用同一部分，并形成各自完整的文字。

如图12-14所示，日本龙安寺中的一口井，应用了中国吉祥图案的装饰元素，"唯吾知足"4个字共用中间的"口"字，巧妙绝伦，可谓文字设计的精品。

图12-14　日本龙安寺井口文字图形

如图12-15所示，中国供销合作总社标志，由上下左右4个"合"字组合而成，来源于"合作""人合"之意。4个"合"字共用中间的"口"字，形成共用图形。

如图12-16所示，国画家杂志标志，以"国画家"3个字作为标志，3个字纵向排列，"画"字在中间，"国"字和"家"字共用"画"字的首尾笔画。

图12-15　中国供销合作总社标志　　　　　图12-16　国画家杂志标志

图12-17　共用笔画　代武

如图12-17所示，品趣咖啡标志，共用"口"字笔画，将两字连接成一个整体，并把"口"字与咖啡杯图形结合，贴切又有情趣。

（4）一笔贯通

将文字连成一笔，不切口，不断气，一笔贯通始终，一气呵成，形成流畅的视觉效果。

如图12-18所示，"A""D"两个英文大写字母首尾贯通，成为不可分割的整体，视觉上流畅，整体感强。

如图12-19所示的中文字连笔设计，3个字各笔画全部串连起来融为一体。

图12-18　英文字连笔设计　　　　　　　　　图12-19　中文字连笔设计

如图12-20所示，学生字体设计练习，将自己的名字作连笔设计，应用了熊猫的创意，整个文字柔软缠绕，设计巧妙、自然飘逸。

图12-20　字体设计　熊若汐

（5）同字镜像

将文字的同一个字母或笔画作镜像处理，变成两个相同且方向相反的字母或笔画，共同组成文字图形。

如图12-21所示的香奈儿标志，将首字母"C"作镜像处理，两个"C"反向交叠，形成新的视觉感受。

如图12-22所示，西班牙奢侈皮具品牌Loewe 的标志由两对镜像的"L"花体字组成，4个"L"拼接在一起，增加了标志的视觉层次与心理厚重感。

图12-21　香奈儿标志　　　　　　图12-22　奢侈皮具Loewe的品牌标志

如图12-23所示，亚当旅游公司标志，镜像手法的运用组成了汉字"亚"，既是抽象图形，又是文字，和企业名称对应。

如图12-24所示，字母"S"的双层镜像处理丰富了视觉效果。

如图12-25所示，不同方向的镜像处理扩展了标志的内外空间。

图12-23 运用镜像的标志 陈鹏　　图12-24 运用镜像的标志 林静　　图12-25 运用镜像的标志 赵明明

（6）添加装饰

当单个的文字或文字组合显得乏味枯燥的时候，运用添加装饰的方式给文字一些活力，使其不那么单调。

如图12-26所示，通过添加渐变色线条或下划装饰线条的方式使标志更具活力和美感，避免单调。

图12-26 添加装饰的标志

如图12-27所示，为标志加上装饰外框未尝不是一种有效的方式，文字连接更紧密，视域更集中。

图12-27 添加装饰的标志 林静

（7）图形文字

将文字与图形相结合，文字成为图形的一部分，相互补充，成为一个整体。文字图形具有形式感强、简洁、整体、生动妙趣的特点。

如图12-28所示，图形文字也称文字图形，生动有趣地展示出成语创意：水滴石穿、笑里藏刀、雾里看花、背信弃义、点石成金。

图12-28　文字图形　学生作业

如图12-29所示，数字与图形相结合，数字的笔画与图形轮廓共生，密不可分。

图12-29　数字图形设计

如图12-30和图12-31所示，将中国"春节"传统节日的相关文字与图形相融合，字里行间，我们看到了灯笼、鞭炮、祥云、辣椒、擀面杖、唐装等图形元素，透出浓浓的年味儿。

图12-30　传统图形文字　窦辰骏　　　　　　　图12-31　传统图形文字　陈哲斌

如图12-32所示，将26个小写英文字母用图形的形式表达出来，从小蚕吃桑叶一天天长大到吐丝结茧再到破茧成蝶，最后又回到繁殖产卵的生命最初状态，构成了蚕的整个生命过程，用蚕的不同动态构成每一个字母形态，创意十足。

图12-32 图形字母 陈智铃

如图12-33所示，用不同的图形表达"有口难言"之意，对"口"字做了不同创意，用不同方式体现"难言"。

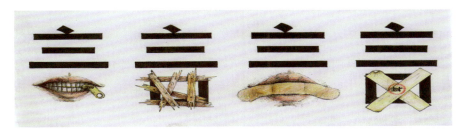

图12-33 图形文字 陈智铃

如图12-34所示，将自己的名字做成图形文字，整个构架保留文字的形态，文字的笔画和偏旁部首用图形替换，体现了个人的兴趣爱好以及性格特点。

图12-34 图形名字 陈智铃

第五单元　综合案例

课　　　时： 10课时

单元知识点： 通过具体的综合案例，让学生运用所学的知识，掌握图形符号完整的设计流程和方法，理论指导实践。

第十三课　包装图形符号设计

课时：5课时

要求：应用所学原理，为ZARA洗漱用品设计系列包装图形符号。每种洗漱用品对应一种图形符号，该图形符号应体现出此种洗漱用品的特点，从视觉上、使用上达到完美结合（图13-1、图13-2）。

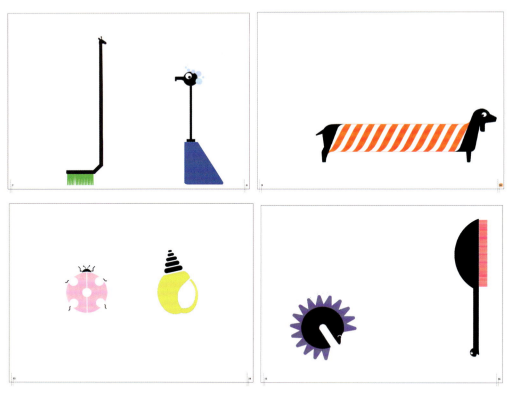

图13-1　ZARA洗漱包装图形设计　欧阳晨慧

图13-2　ZARA洗漱包装效果图　欧阳晨慧

1. 设计创意

本包装设计的创意主线是由一天的时间贯穿而成的（图13-3），使用各洗漱用品的时间点组成和概括了人们的一天。无论平淡无奇，还是轰轰烈烈，无论一帆风顺，还是波折坎坷，生活总是能教会我们很多。我们要学会悉心感受生活，感受自己的每一天，希望在这些生活中的小细节里给人们的一天多添色彩。

图13-3　时间轴设定

包装的图形设计是将洗漱用品的用途、特征与相对应的动物结合。动物形象具有生命力、亲和力，与洗漱用品的结合（图13-4），打破了洗漱用品一贯给人带来的苍白、死气沉沉的感觉。

图13-4　包装中的动物造型

牙刷的图形设计选择和长颈鹿造型相结合。长颈鹿具有长长的脖子，其形态特征和牙刷长柄造型相似（图13-5），提取长颈鹿头颈部形态，再应用夸张的手法拉长牙刷的手柄，强化其长颈的特点，使牙刷的形象更有趣，辨识度更高。

图13-5　牙刷图形

牙膏的图形设计选择和腊肠狗造型相结合。腊肠狗具有长长的身体，与牙膏形态特点和使用特点相似（图13-6），提取腊肠狗身体形态，夸张地突出"狗狗"超长身体的同时也突出了牙膏挤出来时的形态。

图13-6　牙膏图形

漱口杯的图形设计选择与海螺的造型相结合。海螺生长在大海里，人们想到大海就感觉会有一股清新的海风拂面而来，同时海螺造型有容器的特点，这与漱口杯盛水的功能相似（图13-7）。提取海螺的轮廓，上小下大，螺旋渐变，人们带着清新的口气开始新一天的生活。

洗颜皂图形设计选择与瓢虫的造型相结合。洗颜皂给人温和圆润的感觉，与瓢虫圆圆的身体很相似（图13-8）。提取瓢虫身体形态以及背部纹样进行设计，瓢虫身体上的白点纹样就如同洗颜皂搓出的白色泡沫。

图13-7　漱口杯图形　　　图13-8　洗颜皂图形

毛巾图形设计选择与蜗牛的造型相结合。毛巾舒适、柔软，这与慢吞吞、软绵绵的蜗牛感觉相似（图13-9），同时毛巾卷起来的造型跟蜗牛背上的壳很接近，是很自然的结合。

梳子图形设计选择与乌龟的造型相结合。梳子一般会有一个拱形的梳背，这一点与乌龟相似（图13-10）。乌龟也不再是缩头乌龟，而是夸张地伸长了脖子，趣味性十足。

图13-9　毛巾图形　　　　　　　　　　　　　图13-10　梳子图形

洗发露、沐浴露图形设计都选择与鸟的造型相结合，只是强调的部位不一样。脖子细长的鸟着重展现头部，身型肥胖的鸟着重展现身体，这也和洗发露、沐浴露的功能以及使用部位相同（图13-11），既有联系性又有差异性。

图13-11　洗发露、沐浴露图形

沐浴花球图形设计选择与刺猬的造型相结合。沐浴花球外观是参差不齐的放射状造型，刺猬蜷缩在一起的时候也像一个刺球，这跟沐浴花球的外形很相似（图13-12），形态的相似让它们很自然地联系起来，再加上都有点扎手，感觉上更贴近。

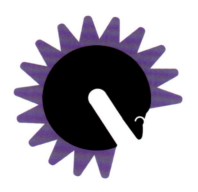

图13-12　沐浴花球图形

2. 设计总结

　　这套洗漱包装图形设计展示了丰富的动物图形符号。设计理念是亲近自然，时间与产品对应，产品与动物对应，将梳子、牙刷、牙膏、香皂、毛巾、沐浴露等洗漱用品的用途、特点与乌龟、长颈鹿、腊肠狗、瓢虫、蜗牛、小鸟等动物特质对应起来，显得亲切、轻松、舒适。

　　在形态上，每个图形都将动物的形态进行了提炼、概括，应用动物的形态及特性类比产品，在视觉上具有与产品相似的形态，在感官上具有与产品使用功能相近的感觉。在色彩上，图形与洗漱用品结合的部分是彩色的，与动物结合的部分是黑色的，这样不仅可以让人们在第一时间辨别产品类别和用途，还可以发挥想象力与可爱的动物联系起来，简单又不失趣味性。可谓"看到的图形符号"和"感觉到的图形符号"的最充分、最贴切的案例。

第十四课　汉字符号设计

课时：5课时

要求：应用所学原理，为"金、木、水、火、土"五个抽象元素设计系列图形符号。图形符号应在视觉上表现美观，含义准确，并具有五大抽象元素的特点（图14-1、图14-2）。

图14-1　"金、木、水、火、土"抽象元素图形符号设计　符洁萍

图14-2　"金、木、水、火、土"抽象元素图形符号设计　符洁萍

1. 设计创意

　　此设计是以DVD包装为载体，五大抽象元素和百家姓相结合而设计的图形符号。整套设计提取了太极图中的旋转图形作为共用的辅助图形，一大一小，相互呼应。在色彩设计上，应用了金色

象征金元素，绿色象征木元素，蓝色象征水元素，红色象征火元素，土黄色象征土元素，并在盘面上形成两色呼应，套系感更强，更具整体性。

木元素符号主要提取了叶片的形态（图14-3），采用了绿色，让人与树木、树叶联系起来，象征着有生命的事物，在组合上运用散点构成，大大小小的叶片自由地排列，加之色彩的深浅变化，灵动而飘逸，似风吹来叶片的颤动。

水元素符号主要提取了水的形态（图14-4），抓住水纹的特征，似流动的波纹和卷曲的浪花，具有动态感和延展性。色彩采用了蓝色，蓝色是水的颜色，水是生命之源。

火元素符号主要提取了火的形态（图14-5），将燃烧的火焰形态转化为火纹，起伏、跳跃、变化多端，让人感受到火的节奏感。用色为红色——火的颜色，热烈向上、激情澎湃。

图14-3　木元素符号　　　　图14-4　水元素符号　　　　图14-5　火元素符号

金元素符号则提取了象形文字——甲骨文的元素（图14-6），在百家姓中，每个姓氏都有属性，提取了属金的姓氏的象形笔画，色彩上应用了金色，充满了金属质感。

土元素符号主要也应用了甲骨文元素（图14-7），提取和土属性相关的姓氏的笔画进行组合，色彩应用了和土相对应的土黄色，让人联想到土地、泥土。

图14-6　金元素符号　　　　图14-7　土元素符号

2. 设计总结

概念元素"金、木、水、火、土"，没有具象的形态，也没人见过是什么样，但要用图形符号来表达它们，这就要应用抽象思维将这些概念元素抽象提取，转化为具有其特点和代表性的符号。学生用DVD包装设计为载体，主题关于这五大抽象元素，与百家姓联系起来，每个姓氏都有属性，有的属火，有的属木，有的属水，有的属金，有的属土。根据水的概念抽象为螺旋纹和条纹组合的符号，根据木的概念抽象为叶片的符号，根据火的概念抽象为火的纹饰符号……抽象概念元素转化为图形符号语言，抽象感知到的图形。

结语

　　图形符号的发展从远古图形发展到现代设计图形，经历了一个漫长的历史过程，从设计的风格、传播媒介上都发生了巨大的变化。伴随着人类文明的进步，它以一种崭新的模式改变着人们的生活，对人们的相互交流、对话起着不容忽视的作用。因此，图形符号语言的不断创新发展，是我们时代进步的必然要求。

　　对图形符号的新构建和新探索，有着无限的可能性。作为一个设计者和设计教育者，我深信还有很多可尝试的方式、方法，如何用独特的眼光去发现它们？如何应用恰如其分的技术手段和工具去表现它们，如何解决这些图形符号在实际应用中的问题？都有待我们去不断总结和挖掘发现，这将是一个长期而艰巨的任务，需要设计工作者们拓宽视野与疆界，付出大量的努力与实践。

　　图形符号的设计探索需要付出更多的努力和实践，本书基于对图形基础教学的探索和研究，肯定会有很多的不足，望各位从事设计的专家、同行能给予批评、指正！

　　这本书的出版，首先感谢先期在图形学科领域大胆探索、创新、研究的专家们，感谢张雄院长给予的建议与支持，感谢我的同事们的帮助，感谢刁颖、白雪、梁书鹏几位老师提供的部分资料，感谢2015级视觉传达2班的同学对教学工作的积极参与，感谢家人的陪伴与理解，感谢重庆大学出版社的大力支持，还有许多为本书的出版提供帮助的朋友们，在这里一并致以诚挚谢意！

　　本教材所用个别图片引自设计在线、中国设计之窗、昵图网、百度图片网、红动中国、站酷等网站，由于时间原因本书涉及图片不能一一与作者联系，版权属原作者所有。本教材只作为教学使用，如有疑问，希望图片作者与本人联系，20257431@qq.com。

参考文献

[1] 赵毅衡.符号学原理与推演 [M].南京：南京大学出版社，2016.

[2] 米兰达·布鲁斯-米特福德，菲利普·威尔金森. 符号与象征 [M].周继岚，译.北京：生活·读书·新知三联书店，2014.

[3] 萨拉·巴特利特.符号中的历史 [M].范明瑛，王敏雯,译.北京：北京联合出版公司，2016.

[4] 梁力任. 常用图形符号辞典 [M].上海：上海辞书出版社，1994.

[5] 徐冰.地书：从点到点 [M].桂林：广西师范大学出版社，2012.

[6] 叶苹.凝练与拓展：形式设计基础教学 [M].南京：江苏美术出版社，2007.

[7] 郑美京，王雪青.PATTERN 图形无极限 [M].上海：上海人民美术出版社，2015.

[8] 周至禹.思维与设计 [M].北京：北京大学出版社，2007.

[9] 原研哉.设计中的设计 [M].济南：山东人民出版社，2006.

[10] 徐恒醇.设计符号学 [M].北京：清华大学出版社，2008.